JN176337

ポストフクシマの哲学

原発のない世界のために

村上勝三
東洋大学国際哲学研究センター［編著］

明石書店

ポストフクシマの哲学——原発のない世界のために◉目次

はじめに

フクシマの後

ジャン＝リュック・ナンシー（渡名喜庸哲／訳）

1

フクシマの後というものはあるのか。友人の村上勝三は私にこう尋ねる。彼がこう問うのは、このような「後」があるかどうか、そのようなものがありうるかどうかが確かではないためだ。彼の問いはもっともである。しかし、あるとき「後」が来なくなるということがありうるということをどのように考えたらよいだろうか。時間というのは、前、今、後と継起していくことに基づいているのではないか。フクシマが本当に「後」なしで現れたということがありうるとすれば、時間というものはもはやなくなるだろうし、したがって空間ももはやなくなるだろう。言いかえると、何であれ（原子であれ惑星であれ）さまざまな物体のあいだに何らかの差異や複数性があるという可能性すらもはやなくなるだろう。そうすると、「フクシマ」という名は、宇宙（univers）の爆縮を指す名、何であれ存在するものの最小の条件である「一以上」が廃棄されることによってできあがる無のうちに、宇宙が吸収されることを指す名となってしまうかもしれない。

ある意味では、問われているのはまさに、差異の、さまざまな差異の、そしてさまざまな差異化の可能性である。しかも、それを問うているのは、フクシマという名をもつただ一つのカタストロフだけではなく、いっそう広い、また別の現象である。民生用であれ軍事用であれ、原子力エネルギーの発見およびその活用は、たとえそれが目的論的なプロセスに従っているのではないにしても、単なる偶然的な現象をなしているわけではない。ヨーロッパ的な人間は、それがある時期から、久しく前から――部分的にはイスラム文化とともに（これ自身も、おそらく爆薬など、いくつか東洋由来のものを伝達している）――取りかかっている運動によって、新たな合目的性の時代へと突入したのだ。それは、――物質的であれ、政治的、精神的であれ――さまざまな生存条件を維持し再生するのではもはやなく、こうした条件のまったく新たな可能性、さらには変容を生み出すような時代である。

そこでは、ほとんど体系的と言ってもよい同一の相関関係のもとで、次のものが同時に発明されることになった。富それ自身による富の生産（利子、信用貨幣）、希少産物の獲得を可能にする交易の生産（希少なもの、新奇なもの、異国情緒あふれるものへの嗜好そのものの生産）、戦争能力の強化の生産などである。第二段階に達すると、生産のための物質的手段が、蒸気、電気、さらにはさまざまな化学現象など自然の力の浸透（この段階ではまだ単に利用ではない）によって、それ自体としても生産されるようになり、そうした手段に依拠するようになる。原子力エネルギーの統御は、窒素肥料や予防接種と同様に、また今日では、半導体や情報処理技術と同様に、この連続性のうちに位置づけられる。

この歴史——おそらく唯一この歴史のみが、連続的なプロセスとしての歴史という性格をもたらしたものだ——を少しでも考えてみるならば、フクシマの「後」よりもむしろ「前」に目を向けることとなろう。前には、かなり昔には文明の変異があった。すなわち、ゆっくりとした運動に従い長きにわたる伝統のもとに固定されていた所与の条件にとって代わり、新たな条件を生産するという欲望、ということはつまり、集合的であれ単独であれ、存在の原理および目的をも生産するという欲望が生じたということだ。

2

ところで、この変異は単なる突発事だったのではない。それは、古代の地中海世界からキリスト教の変容を経てシャルルマーニュにいたるまでの数世紀〔日本や中国でも大きな変革の時代であった数世紀〕にわたって跳躍ないし動揺をなしていたが、と同時に、新石器時代以降に現れた技術的現象〔農業、灌漑、飼育、金属の加工など〕の強化および練り上げをもなしていた。われわれがギリシアという名でもって標定している西洋の断絶が対応しているのは、こうした現象がすでに進展した状態である〔貨幣、書き言葉、鉄、航法〕。「ルネサンス」に生み出されたのは、もっとはっきりとした、もっと進度の速い新たな断絶である。ここにいたってようやく、まさしく「生産」と呼びうるものが現れた。そこでは、言うなれば、生産が生産されるようになり、存在が、受け容れられるというよりは生み出される〔生産される〕ようになるのである。

これらの断絶が可能だったのは、第一の断絶があったからにほかならない。そしてこの第一の断絶とは——もう一度言えば、それは新石器時代および旧石器時代末期にあったのだが——、「自然」における断絶であった。自然は〔生物学的、気象学的、動物学的、地質学的といった〕さまざまな断絶を経験していたが、技術による断絶がもたらしたのは、「自然（nature）」の秩序の修正ではない。それは、秩序の性質（nature）を修正したのだ。以降、自然的な種が自然を変容させていくようになり、ついには、「自然」という（自然の力という）観念それ自体の代わりに、多かれ少なかれつねにわれわれが今もっているような表象、すなわち、自然というのは新たな世界を絶えず生産しながら自らも生産される存在だという表象を据えるようになる。そしてこれが秩序〔＝順序（ordre）〕となるのである。われわれが道具的だと思っていた技術が目的的になる――そしてこの目的性は、目的なき目的性として現れるのである。

フクシマの上流へとかくも遠くまで遡ることが何の役にたつのか。少なくとも、われわれがこうした起源を信じ込み、誤り、過ち、過失がありえた地点を名指すことができるなどと思いなさないことの役にはたつだろう。われわれは、まさしくわれわれ自身に直面している、われわれ自身の展開――暴発、乗り越え、横溢？――に直面しているのである。目的なき目的性――あるいは終わりなく他の目的のための手段となるかたちでのさまざまな目的の際限なき多様化――が表しているのは、あらかじめ定められていない目的という力を備えて出現した動物が、その後どうなったのかだ。

以上の指摘は基礎的なものであるが、とはいえ必要なものであるように思われる。というのも、われわれはあまりに多くの場合、改革の精神と告発の精神のあいだで麻痺してしまっているからだ。改革の精神とは、たとえば、生産的なエネルギーの論理にとどまりながらもエネルギーの生産を改革しようというものであり、告発の精神というのは、「近代」、「資本」、「技術」を告発しつつも、問題となっているのは一つの「文明」をなしている総体だということを、そしてその後にやってくるのは今のものとは別の文明にほかならないということを考慮しないものである。

3

だが、文明は生産されるものではない。とりわけそれが生産性の文明と別のものでなければならないのだとすれば。

ここでこそフクシマの「後」についての真の問いが提起される。この「後」は、メソポタミア、ヒッタイト、エジプト、エトルリアないしケルト世界に対するギリシア世界の「後」に類したものにほかならない。断絶ないし変異の「後」ということだ。ところで、このことは決断によってなされたのではない。古代アジア世界でのさほど目立たない変容、さほど突発的でない変容ですら、決断されたものではなかっただろう。さまざまな文化、社会的な世界、王朝などは、明白な理由なく栄えたり、衰えたりするわけだが、そのことは単にわれわれの情報が不足しているということではない。偶発的なこと、予期しえないこと、思いがけないことがあるのである。思いがけないこと（inopiné）といったが、これはラテン語では、信じることができないもの、可能だとみなす手段をもたないものを表している。つまり、同定や認知のために必要な既成の秩序の外部から到来するということだ。アテナイのポリスも思いがけないものであったし、ローマ的秩序も、さらにはキリスト教もそうであった。どの文化も、どの文明も、なしうるのはただ、ある種の地平、ある種の潜在性に閉ざされないということのみである。このことは、ある種の秩序ないしある種の世界が形成される際に必要なことである。18世紀の世界は、大産業も民主主義国家も思い描くことはできなかった――すでにそこに向かいはじめていた、これらが産み出されはじめていたとしてもである。とはいえ、われわれの近代文化は、進歩という地平を備えてしまっている。それは、本質的に流動的であるが、とはいえ同時に流動的であるという点において、さらにはそれが加速するという点において明白に方向づけられている地平である。

20世紀初頭のヨーロッパの爆縮以降、思いがけない仕方で震動し、崩壊しはじめたのもこの地平である。そのとき以来、歴史の流れの全体が、確たるものとして信じ続けることがもうできないほど不確かなものとなったのである。フクシマは――ヒロシマ、アウシュヴィッツ、植民地秩序全体の荒廃、20世紀の技術的および精神的な変異の後で――、思いがけないもの（inopiné）の名となったのだ。とはいえそのような名は、われわれがすでに予感しはじめていたものでもある。だとするとそれは、予期しえないと同時にあまりに予見可能な――結局、自分自身のカタストロフを予見することしかできないような――プロセス（進歩？ 駆動？ 狂乱？）を指す名となった、ということである。

確かに、われわれは――たとえ、放射性物質が飛散し何百万年にわたり拡散していくのを修復することができないとしても――目標が修正されるのを予見することもできるし、ある種の機能不全に対処することもできよう。周知のように、そうした修正のためには、新たな方策を発明してそれを実行することが必要なのであるが、しかしわれわれはその方策自体の問題点やリスクを正確に評価することができないのだ。

もちろん、そのこと自体がわれわれに対し未来を覆い隠すことになる。未来が思いがけないしかたで断絶や破壊や転換をもたらす力をもっているということを覆い隠すわけだ。それこそがまさしく、つねに未来をなしているものである。すなわち、未来が覆い隠されているのは、それがすでに知られているものに似ることがまったくないからだ。とはいえ、一つ確実なことがあるとすれば、それはまさしく、未来が思いがけない性格をもっているということだ。確かにわれわれは、巨大な全般的プログラムが非常に重くのしかかっている状況のうちにいる。電気、電子、放射線医療からの脱出は、われわれの手の届くところにはない。とはいえ逆に、思いがけないものを刷新するための、「自然的」であると同時に「人間的」でもある力、あるいはお望みならば「神的」ですらある力に信を託すことはできる。それがやってくるかどうかは疑わないでおこう。それはすでに途上にあり、われわれに到来するのだ。もしかすると、手始めに、そのためにいくつかの形式、いくつかの語を創案することもできるかもしれない……。

4

だがまず、最後に、そしてふたたび始めるためにこう言っておこう。フクシマの前も後もない。ヒロシマからフクシマまで、時間があるのではない。両者のあいだには数百キロの空間しかなく、それは今日ではもはやたいした距離ではない。だが、フクシマから、私の住むところにほど近いフェッセンアイム原子力発電所までの、それより10倍もある距離もまた、過去も未来もなく宙吊りにされ、動かなくなってしまっている同じ現在のもとでわたしたちを結びつけている紐帯を緩めることができるほど十分な隔たりではない。この現在とは、もはや自らを現示しない現在、自らの現前が計算しえないかたちで消散していくのをひたすら数えるかのように、自らの終わりなき飛散にただただてこずっているだけの現在のことである。

I　核時代の政治

第1章

フクシマ――犠牲のシステム

高橋哲哉

はじめに

2014年5月5日、「原発大国」フランスを訪問した日本の安倍晋三首相は、オランド大統領と会談し、次世代型原子炉である「高速炉」の研究開発や、ベトナムなど第三国への原発輸出での協力推進で合意した。[*1] 両首脳は、すでにその前年の6月7日、東京で、第3国への原発輸出をめざすアレバ・三菱重工業連合への官民挙げての後押し、核燃料サイクルや高速炉の研究開発など、「包括的な原子力協定」に合意し、安倍首相はその際、フランスを原子力分野での「世界最高のパートナーだ」と持ち上げていた。[*2] 安倍首相の言うように、仮に日仏が原子力分野で「世界最高のパートナー」だとしたら、そのとき「フクシマ」の経験は、両国・両国民にとって何であったことになるのだろうか。

２０１１年3月11日からすでに4年という時間が過ぎた。しかし、福島県ではいまだに十数万人が故郷に帰れず、県内外で避難生活を送っている。避難者の約6割にＰＴＳＤ（心的外傷後ストレス障害）の可能性があるという調査結果が出ており、物質的・経済的被害に加えて故郷喪失による精神的苦痛も深まっている。[*3] 事故発生前は１００万人に1人と言われていた子供の甲状腺ガンが、29万人余りの検査が終わった時点で84人（２０１4年末現在[*4]）――環境省や福島県は事故との因果関係を否定しているが、子供も親も深刻な不安を抱えて生きている。

福島県の産業は農業、漁業、観光業を中心に大打撃を受け、被害はあらゆる分野に及んでおり、復興の兆しはなかなか見えない。そもそも、崩壊した第1原発自体がいまだにその敷地内から、放射性物質と汚染水を周囲に大量に放出し続けているのを止めることができていない。4号機の露出した使用済み核燃料プールからの燃料の取り出し作業は完了したというものの、メルトダウンした3つの原子炉では燃料がどこにあるのかも分からず、事故はいまだ収束したと言うには程遠い状態なのだ。

これらすべての事態にもかかわらず、安倍政権は、3・11以前とまったく変わらぬ原発推進政策に立ち戻ろうとしている。まるで何事もなかったかのように。福島では何事も起こらなかった、というかのように。3・11以後、日本列島に50基以上ある原子炉はすべて稼働を停止したが、2012年7月に大飯原発3号機、4号機が再稼働し、今後は原子力規制委員会の了承を得て次々と再稼働を認める方針である。2014年5月24日、この大飯原発の運転差し止めを住民が求めた裁判で原告勝訴の画期的判決が出たが、政権はこれをも無視している。じつを言えば、経済産業省はすでに2011年3月下旬に、「原子力の再生」や「原発輸出の再構築」を謳った極秘の文書を作成していた。[*5] 事故直後の大混乱の最中に、「今回の悲劇」を踏まえると称して、さっさと原発推進政策の存続維持を固めていたというのだから、一驚に価する。それから3年後、2014年4月11日、この「極秘」に定められていた計画は、安倍政権のもとで公然たる「エネルギー基本計画」として閣議決定されることになった。日本は国家として、今後も原発を最も重要な「ベースロード電源」として、「核燃料サイクル計画」とともに積極的に推進していく方針を決定したのである。[*6]

現在、福島の被災者の間には、「自分たちは国に見捨てられた」という思いが強まっている。「国は意図的に棄民政策をとっている」という声も少なくない。こうした状況で、日本の中枢ないし東京と福島とのギャップをまざまざと見せつけたのが、2013年9月7日ブエノスアイレスでのIOC総会で安倍首相が行ったオリンピック招致演説だった。安倍首相はその演説と質疑応答において、世界に向けて、福島の「状況は制御されている（under control）」「放射能汚染水は半径0・3平方キロの港湾内に完全にブロックされている」「東京への悪影響はいっさいない」「健康問題は過去も、現在も、未来もいっさい存在しない」などと大見得を切ってみせたのだ。[*7] これらが国際社会に向けて発信された公然たる嘘であるにもかかわらず、日本国内では、２０２０年東京オリンピック誘致成功のメディア的大騒ぎによって批判の声は抑え込まれてしまった。原発推進という不人気政策のマイナスを東京オリンピックという国民的一大イベントの成功を以て打ち消し、全てを日本経済の「成長戦略」の中で正当化していくことで、安倍政権は、「フクシマ」の傷を隠蔽し、忘却させていくことが可能になると信じているかのようなのである。

「犠牲のシステム」とは

福島では何も起こらなかったかのようにすること。もちろん、そんなことは不可能だ。しかし、現実に明らかなのは、未曾有の犠牲を出し、今後も犠牲が増していくことは確実であるにもかかわらず、あたかもこうした犠牲は初めから織り込み済みであったかのように、それが原発推進政策に対して何のブレーキにもならなかったことである。このことから、原発は一種の「犠牲のシステム」[*8]であるという主張が裏書される。ある者たちの利益が、別の者たちの犠牲の上にのみ生み出され、維持されるシステムができあがっているならば、これを「犠牲のシステム」と呼ぶことができよう。何が犠牲にされるのか。生活、財産、健康、最悪の場合には生命、あるいは人権、人間としての尊厳、生きる希望、といったものを挙げることができる。原発がこうした意味で「犠牲のシステム」であることを、筆者は、福島第一原発事故発生後の日々の中で、事故が起きるのを許してしまった慙愧の念とともに認識することになった。そしてその後の3年の歳月は、残念ながら、この認識に間違いのないことを確信させる時間でしかなかったと感じている。

原発が犠牲のシステムであることは、少なくとも4つの点から指摘できる。第一に、原発を動かす限り、過酷事故がつねにありうるということ、そして過酷事故が生み出す犠牲の大きさを制御するには限界がある、ということ。原発の安全神話は完全に崩壊したと言ってよい。チェルノブイリ原発事故が起きたとき、私たちは大きな衝撃を受けたものの、日本の原発は多重防御システムであるからあいう事故は起こりえないと言われ、漠然とそれを受け入れてしまっていた。２０１２年2月、韓国南部の古里原発1号機で全電源喪失事故が発生した。幸い12分で復旧し、メルトダウンに至らずにすんだのだが、この事故は地震とも津波とも無関係に定期点検中に発生したものだ。[*9] 注目すべきは、韓国の原発公社が福島の事故後、韓国の原発は多重防御システムが完備してあるから福島のような事故は起こりえないと言っていたことである。実際には福島の事故後1年も経たないうちに、メルトダウン寸前の事故が危機一髪で回避されていたのである。ついでに言えば、韓国の電力公社はこの事故を規制当局に1カ月間も報告せず、組織的隠蔽を図っていたことが暴露された。過酷事故はいつでもどこでも起こりうる、この認識なしに原発を動かすことは無責任の謗りを免れないと言わざるをえない。

過酷事故が生み出す犠牲の大きさを制御するには限界があると言ったが、福島原発事故の記憶は、すでにこの制御不可能なものの根本的な忘却の上に、制御可能なものという幻想の衣を纏わされてしまっている。想起すべきは、事故発生の数日後、総理大臣官邸において、首相や原子力委員会委員長が最悪の場合、東京を含めて半径250キロ、5000万人の避難が必要になる可能性を真剣に検討していたという事実である。[*10] 当時の菅直人首相は、日本が国家として麻痺状態に陥る危険に直面し「背筋が凍る思いがした」と何度も証言している。この最悪のケースに至らなかったのは、第4号機の使用済み燃料プールの水が維持された等いくつかの偶然が重なった結果にすぎない。当時の第一原発所長として事故対応の陣頭指揮に当たった故吉田昌郎氏も、「われわれのイメージは東日本壊滅。本当に死んだと思った」と証言している。[*11] つまり、福島原発事故はこの最悪の事態が「現実化したかもしれない」事故として起こったのであり、日本で原発を再稼働させればつねにそのリスクが伴うはずなのだが、現実に支配的になったのは「チェルノブイリに比べれば大したことはなかった」という印象であり、まるで何事も起こらなかったかのような原発推進政策の復活なのだ。

原発が犠牲のシステムであるのは、第二に、内部で作業する労働者の被曝が避けられないからである。事故やトラブルの時だけでなく、平時においても避けられない。日本では1980年代初めから、すでに、「闇に消される原発被曝者」という告発があった。[*12] 度重なる被曝で健康を害したり死亡したと推定される事例でも、「因果関係が証明できない」等の理由で泣き寝入りを余儀なくされてきた歴史がある。今回の事故で最初期に「フクシマ・フィフティ」として英雄視された収束作業員は、2014年3月までに3万2000人に達し、平時の数倍にも引き上げられた被曝線量限度の下で作業している。しかも彼らのほとんどは、その限度を超えると「使い捨て」にされる非正規雇用労働者なのである。

第三に、被曝労働という犠牲は原発内部にだけあるのではなく、ウラン採掘のときから始まっている。核燃料の原料となるウランを日本はすべて輸入で賄ってきた。しかしオーストラリア、カナダ、アフリカ諸国など輸入先のウラン鉱山では、ほぼ例外なく、採掘労働者の被曝、周辺環境の放射能汚染等で深刻な問題が発生している。アメリカでもそうであるが、採掘地は先住民族の居住地である場合が多く、核兵器であると原発であるとを問わず、核開発は先住民の故郷を奪い、生活を破壊して行われてきたのである。

第四に、高レベル放射性廃棄物の危険が残り続けるという問題がある。フィンランドの深地層処分施設「オンカロ」は廃棄物を10万年間閉じ込めておくために建設されているのだが、放射性物質が地下水に漏れ出す可能性を排除できるものではない。[*13] 日本政府も深地層処分以外の方法を知らないのだが、日本の原発54基の廃棄物すべてを土中に埋めるとしたら、いったい幾つの「オンカロ」が必要となるのか？　人口稠密な日本列島上のどこに「オンカロ」の建設を受け入れる自治体があるのか？　仮にあったとしても、地震の巣窟である日本列島で、10万年後までの「オンカロ」の安全をどうやって保証できるというのか？　私たちの世代が、将来の何世代にもわたる人類に危険きわまりない犠牲の種を押しつけようとしていることは明らかである。

以上、４点に分けて、原発が「犠牲のシステム」である所以を指摘した。ちなみに言えば、アメリカ合衆国では、マンハッタン計画以来のウラン採掘施設や精錬施設、核エネルギー関連施設で操業を終えたものは、エネルギー省によって national sacrifice area あるいは national sacrifice zone と呼ばれている。[*14] 石炭、石油など他の地下資源も含めると全米の国立公園の面積をも上回る広大な地域が国家のエネルギー政策の「犠牲」となり、とりわけ先住民の土地と生活が奪われて回復不可能な汚染地域ができてしまったのである。福島第一原発の周辺は日本で初めてできた national sacrifice zone であり、日本列島上に存在する50を超える原発や関連施設は、仮に事故を起こさず廃炉を迎えたとしても、狭い国土に多数の national sacrifice zone を作り出すことになるだろう。douce France と謳われたフランスの国土にも、やがて多くの national sacrifice zone が生じるに違いない。これらはすべて、私たちの世代が経済的・軍事的利益を追求した結果、将来世代に押し付けることになった負の遺産にほかならない。

「犠牲のシステム」を支えるもの

なぜ、原発という犠牲のシステムをやめられないのか。「フクシマ」の後にも、なぜ日本政府はこのシステムを推進しようとするのか。それはまず第一に、「原子力マフィア」がその利益を手放そうとしないからである。日本の「原子力マフィア」は、実態とはかけはなれた「原子力ムラ」などという牧歌的な名前で呼ばれているが、財界・政界・官界・学界を中心に構成されている。ドイツのように政府が脱原発を決めれば、電力会社にとって原発と関連施設は膨大な「不良債権」と化し、会社が破綻に追い込まれ、日本経済にも深刻な影響を及ぼすと考えられている。通常ならばつとに破綻している東京電力に政府が公的資金をつぎ込んで必死に支えているように、原発をもつ多くの電力会社を破綻させず、逆に原発が生み出す莫大な利益を確保し、政治家や官僚もその利益に与るために、このシステムの延命を至上命題としているわけだ。

第二に、日本国家が、日本国家の政治的行政的権力が、原発に固執するのはなぜか。それは結局のところ核武装の能力を担保するためだろう。日本は「戦争放棄」と「戦力不保持」を定めた「平和憲法」をもっており、広島・長崎で核兵器の惨禍を被った国である。にもかかわらず、現憲法下で核兵器保有が禁じられていると明言した政権は過去になく、逆に複数の政権が核保有は憲法でも禁じられていないという見解を示してきた。もとより現在の核兵器をめぐる国際秩序の中で日本が実際に核武装することはきわめて困難である。しかし日本政府は、１９６０年代に核武装の可能性を検討し、当面それを断念した後、「核保有の経済的・技術的ポテンシャル」は常に維持するという方針を立てて今日に至っている。[*15] 福島の事故後、脱原発の世論の高まるのを見て、安倍首相と並ぶ保守党の有力政治家が、「原発をやめることは潜在的核抑止力を失うことだが、それでいいのか」と、世論を威嚇したことは象徴的だ。[*16] 中国、北朝鮮、さらには韓国との対抗上も、原発を稼働させ、使用済み核燃料の再処理によってプルトニウムを抽出・蓄積することで、いつでも核兵器保有が可能になるような技術的・物質的条件を整えておく必要があるというわけだ。

要するに、原発という犠牲のシステムに固執する理由は、経済的および軍事的な力の追求だと言えるだろう。しかしその力の追求は、逆に、私たちの生存を可能にする根源的な環境の破壊につながることを、私たちは「フクシマ」で知ったのである。

おわりに

人間が生きていくために絶対に必要なもの、それは大地と水と大気である。私たちは地球という星の大地や海や大気に包まれ、そこから生命を与えられて生きている。これらのどれ一つが欠けても人間の営みは続けていくことはできない。人間はこうした自然環境に働きかけ、手を加えて生活してきた。農業や都市文明は言うまでもなく、洞穴を掘り、あるいは家を組み立てて、雨風をしのぐ住処を作ることからして、すでに自然環境の変形である。しかし人間のこの活動は、あくまで根源的な環境としての大地、水、大気を傷つけない範囲で営まれなければならない。そうでなければ、私たちの生命の営みそのものが不可能になってしまうのである。

今回の事故で私たちは、原発という技術が、ひとたび大事故を起こせば人の住めない土地を生み出してしまうことを目の当たりにした。土地だけではない。飲めない水、食べられない食物、吸えない大気……。根源的環境のすべてを汚染し、傷つける、それが原発であることを思い知らされたのだ。

地球上にある多数の原発と原子力関連施設。これらを作り出したのは私たちの世代であり、私たちは経済的および軍事的なより大きな力を求める欲望によって、自分たちの生存にとってかくも危険なものを、自らの手で環境世界の中に作り出してしまったのである。欲望追求のあまり、自らの生命の営みを不可能にしてしまうものを、自ら大量に作り出して抱え込んでしまうという、私たちの深い自己矛盾。これを「罪」と呼んでも決して過言ではないだろう。

最初の原爆実験が成功した際、物理学者オッペンハイマーはこう述べた。「物理学者たちは罪を知ってしまった。そしてこれは、もはや失うことのできない知識となった」[*17]。人間の知識は、いや人間の存在そのものが、光と闇の両面を持つ。

私たちは、「罪を知ってしまった」その闇の中で光を求めていかなければならない。それが私たちの現在および将来の世代への責任だと考える。

[註]

＊1　『毎日新聞』２０１４年5月6日。
＊2　『東京新聞』２０１３年6月7日。
＊3　『朝日新聞』２０１４年5月10日。
＊4　福島県ホームページ「県民健康調査『甲状腺検査（先行検査）』結果概要」（２０１５年1月31日確認）
＊5　『朝日新聞』２０１３年12月2日。
＊6　『日本経済新聞デジタル』２０１４年4月11日。
＊7　『東京新聞』２０１３年9月8日。

＊8　高橋哲哉『犠牲のシステム 福島・沖縄』集英社、２０１２年を参照。
＊9　『読売新聞』２０１２年3月13日。
＊10　菅直人『東電福島原発事故　総理大臣として考えたこと』幻冬舎、２０１２年、22頁。
＊11　日本政府事故調査員会報告書。東京新聞　２０１４年8月31日。
＊12　樋口健二『闇に消される原発被曝者』三一書房、１９８１年など。
＊13　フィンランドのオルキルオト原発近傍に作られた放射性廃棄物最終処分場。『朝日新聞』２０１３年１月24日など参照。
＊14　たとえば、Hooks, G. & Smith C.L , The Treadmill of Destruction : National Sacrifice Areas and Native Americans, in *American Sociological Review*, Aug 2004 を参照。
＊15　１９６９年に外務省内の外交政策企画委員会にて作成され、２０１０年に秘密指定が解除され公開された「わが国の外交政策大綱」を参照。外務省ホームページ（２０１５年1月31日確認）。
＊16　石破茂・自民党政調会長（当時）の発言。『ＳＡＰＩＯ』２０１１年10月5日号。
＊17　講演「現代世界における物理学」、マサチューセッツ工科大学、１９４７年11月25日。

コラム①

「フクシマ」の記念碑化

岩田　渉

名称による風化のプロセス

私たちが「ヒロシマ・ナガサキ」と表現する時、それは地名や県名ではなく、原爆投下という〝出来事〟の名称として使用し、認識している。おそらくこれは、アルファベット表記の「Hiroshima, Nagasaki」が逆輸入されることで、日本でも「ヒロシマ・ナガサキ」とカタカナで表記することが一般化されたのではないだろうかと考える。原爆投下から、「ヒロシマ・ナガサキ」という表記が出来事の名称として認識されるようになるまで、どれくらいの時間を経たものであるか、私は知らない。

広島出身でカナダの大学に留学していた知人は、在学時、「広島は今でも人は住んでいるの？　植物は生えてるの？」と質問されることが度々あったと聞いて驚いたことがある。しかし、これは考えてみれば至極当然のことだろう。「ヒロシマ・ナガサキ」を〝原爆投下〟という出来事、あるいは〝原爆投下された場所〟としてしか認識したことがなく、記憶が更新されなければ、そのような疑問は、当然だ。私たちは広島カープの試合を観戦しながら原爆投下を想像しないし、また長崎ちゃんぽんを食しながら原爆投下と結びつけることもなければ、日常の中で、広島県のことを「ヒロシマ」、長崎県のことを「ナガサキ」とカタカナで表記することはない。

記念碑化される「福島」「フクシマ」「Fukushima」と影響の過少評価

東日本大震災および「東京電力株式会社福島第

一原子力発電所事故」はどちらも、あるいは後者を指して「3・11」と称されることは多い。また海外では「Triple disaster」と言われることも少なくないが、原子力発電所事故を指していう場合には、“Fukushima”というのがより一般的である。メディアの記事や、論考などに使用される“Fukushima”という単語を邦訳するさいには、①福島県、②原発事故、③影響地域、と文脈に応じてそれぞれ別の訳語を当てる必要のあるものは少なくない。それに対して、日本のテレビ、新聞、雑誌や学術論文などでは「福島原発事故」、あるいは「福島第一原発事故」と呼ぶことが一般的になっており、そこには「東京電力株式会社」という事故当事者の名前は抜け落ちている。そして、問われるべき東京電力株式会社の責任も同時にこぼれ落ちていく。

２０１２年6月21日、「子ども被災者支援法」と呼ばれる一つの法律が衆議院全会一致で通過した。東京電力原発事故によって被災した住民を支援するためのこの法律の正式名称は、「東京電力原子力事故により被災した子どもをはじめとする住民等の生活を守り支えるための被災者の生活支援等に関する施策の推進に関する法律[*1]」とあり、また第1条では事故の略称を「東京電力原発事故」とするとしている。この略称から、二つの配慮が読み取れる。

まず第1条には支援対象が定義されており、そこでは「一定の基準以上の放射線量が計測される地域に居住し、又は居住していた者及び政府による避難に係る指示により避難を余儀なくされている者並びにこれらの者に準ずる者[*2]」とある。そしてこれが妥当であることは、当時のプルーム（放射能雲）が拡散した範囲と現在の汚染マップを見比べることで読み取ることができる（図1、図3）。

東京電力原発事故によって拡散した放射能による環境汚染や人体に対する被曝の影響は、大きく2つ

図1　放射性物質（セシウム134と137）がろ紙に最も多く付着していた時間と濃度

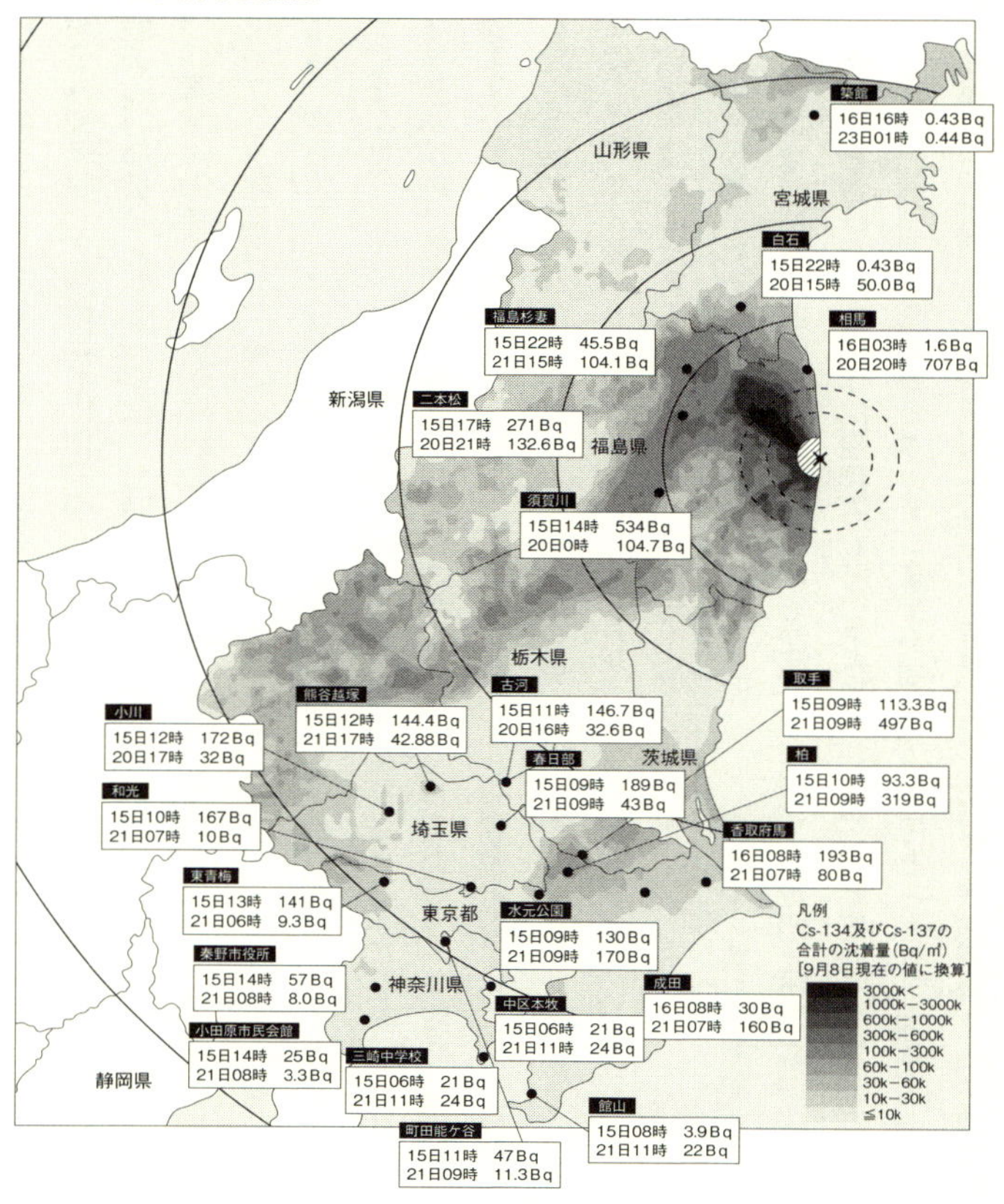

出典：平成23年10月6日「文部科学省による航空機モニタリングの測定結果・地表面へのセシウム134、137の沈着量合計」の地図に平成24年度「SPM捕集用ろ紙に付着した放射性核種分析」および平成25年度「浮遊粒子物質用テープろ紙の放射性物質による大気中放射性物質濃度把握事業報告書」のデータをもとに、OurPlanet-TVが作成したものを筆者一部修正。

に分けて考える必要がある。一つには初期プルーム通過時の外部被曝、吸引による内部被曝、汚染食品摂取による内部被曝。もう一つは、当時の気象条件、雨、雪、湿度によって土壌沈着が起こったことで長期間にわたる現存被曝である（図2）。

前者は、東日本のかなり広い範囲に及んでいることがわかる[*3]（図1、図3）。また、事故初期のプルームには半減期が短い核種や、捕捉されないガス状のヨウ素131、キセノン133といった希ガスが含まれるため実態の解明が困難であり、被曝量を評価するには、さらなる時間が必要であると考えられている。現在、被曝に対する懸念、健康被害に対する支援の必要性が語られるときに、プルームの通過地域が考慮されない場合がある。放射能の問題を語るとき、多くの場合はむしろ図1に使用されている汚染地図が念頭にあり、その影響について、また支援の必要性が語られる。そしてこの汚染地図からは、放射線管理区域から持ち出してはならない放射能量4000Bq／平方メートル[*4]を越える汚染のある地域が、福島県の東半分を中心にして宮城県と茨城県の南部・北部、さらに栃木県、群馬県の北半分、千葉県の北部、岩手県、新潟県、埼玉県と東京都の一部地域に広がっていることがわかる。福島県は東京電力原発事故によって最も広大に汚染された自治体であるが、実際の影響地域・影響を受けた住民は福島県に留まらない。東京電力原発事故が、「福島・フクシマ・Fukushima」と呼ばれることで、あたかも被災地域が福島県のみであるという錯覚を与えている。

東京電力株式会社福島第一原子力発電所は、双葉町、大熊町という二つの自治体にまたがって建設され、日本で唯一、県名が付けられている原子力発電所である。この原子力発電所が「双葉原発」、あるいは「大熊原発」という名称であったならば、現在

**図2　東北地方南部の3月15日の(左)Cs137の濃度の時空間分布、(中)1000 hPaでの風向風速分布、(右) 降水分布
上から下へ3月15日12時、15時、18時、21時**

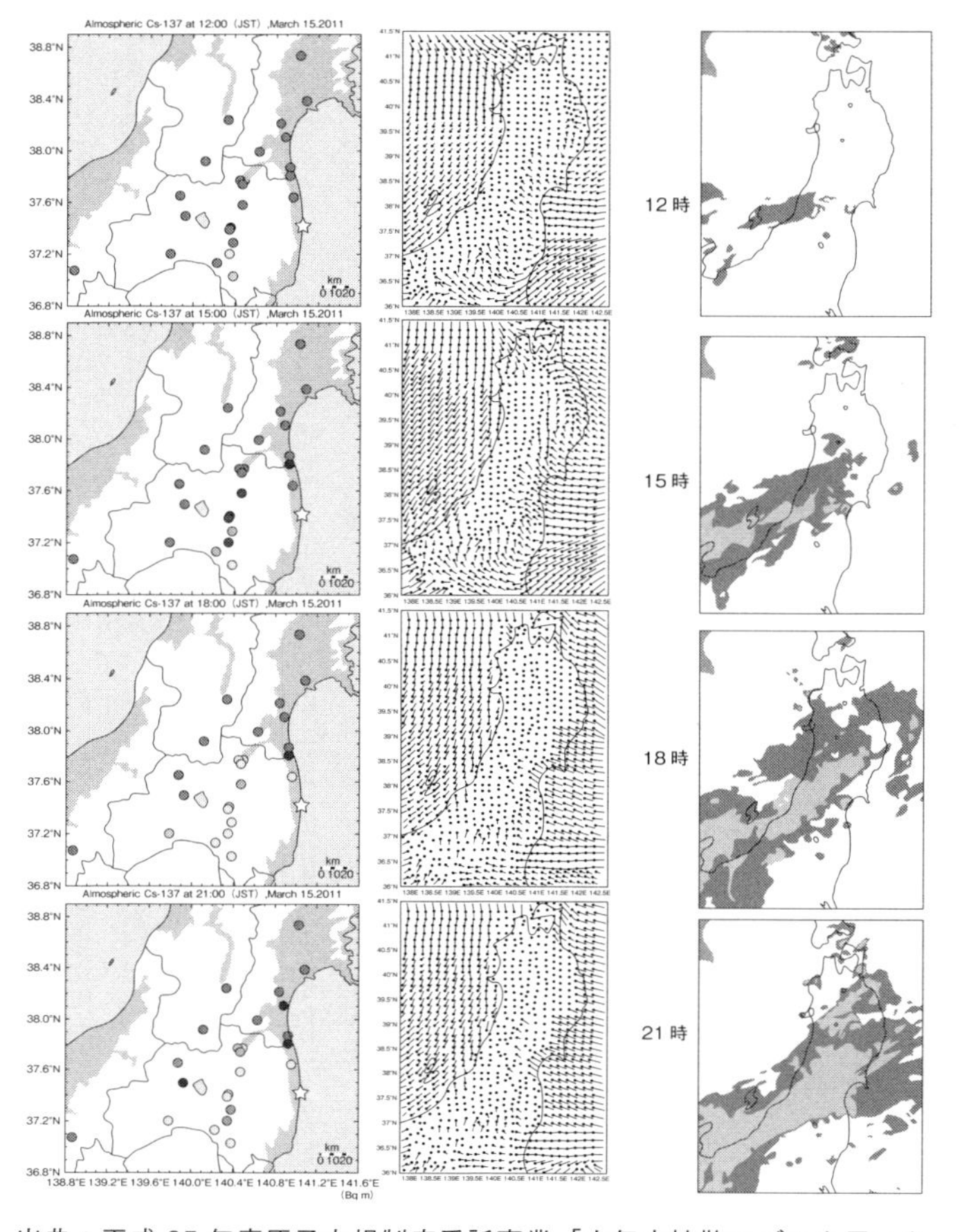

出典：平成25年度原子力規制庁委託事業「大気中拡散モデルを用いたシミュレーションによる放射性物質の挙動解明事業」業務に関する報告書（平成26年3月31日東京大学大気海洋研究所）を筆者一部修正。

のように「福島・フクシマ・Fukushima」という県名（もしくは出来事を指す記号）によって事故の影響地域を過少評価することは不可能であっただろう。

チェルノブイリ原発事故と比較してみよう。チェルノブイリはウクライナ北部にあり、かつて人口30万人が居住していた市の名称であるが、現在、「チェルノブイリ」といえば、チェルノブイリ原子力発電所事故のこと、あるいは事故が起こった地域を指すが、世界のほとんどの人は、正確にそれがどこに位置しているのかを知らない。欧州や日本には、「チェルノブイリの～」という名称を冠した支援団体が数あるが、その支援対象としているのは、主にベラルーシ、ウクライナ、ロシアの汚染地域に居住する人々だ。そして、チェルノブイリ市に居住していた人々のみを指してはいないという対比は、より現状を把握しやすいものにしてくれるだろう。

それに対して、日本政府は子ども被災者支援法の対象地域を、「100ミリシーベルト以下の健康影響は他の発がん影響に隠れるもの」であるとし、福島県内中通りと浜通りの33市町村のみを対象地域とする基本方針案を2013年10月12日に閣議決定した。しかし、これは低線量被曝にかんする知見からは、科学的根拠があるとはいえない。

事故からこれまでの間に、「フクシマ」という出来事の名称によって東日本に居住する多くの人々が被曝していないと思い込んでいる。また、東電原子力発電所事故そのものが、自らの外部で起きた出来事であるかのように錯覚している。多くは、自らの外部に「フクシマ」という記念碑を作り出し、当事者性を失い、記憶の風化に拍車をかけている。

記念碑化によるもう一つの弊害

記念碑化による出来事と記憶の外部化は、更にもう一つ重大な影響をもたらしている。再び広島・長

図3 WSPEEDIによるCs137WSPEEDIによるCs137の大気降下状況の試算

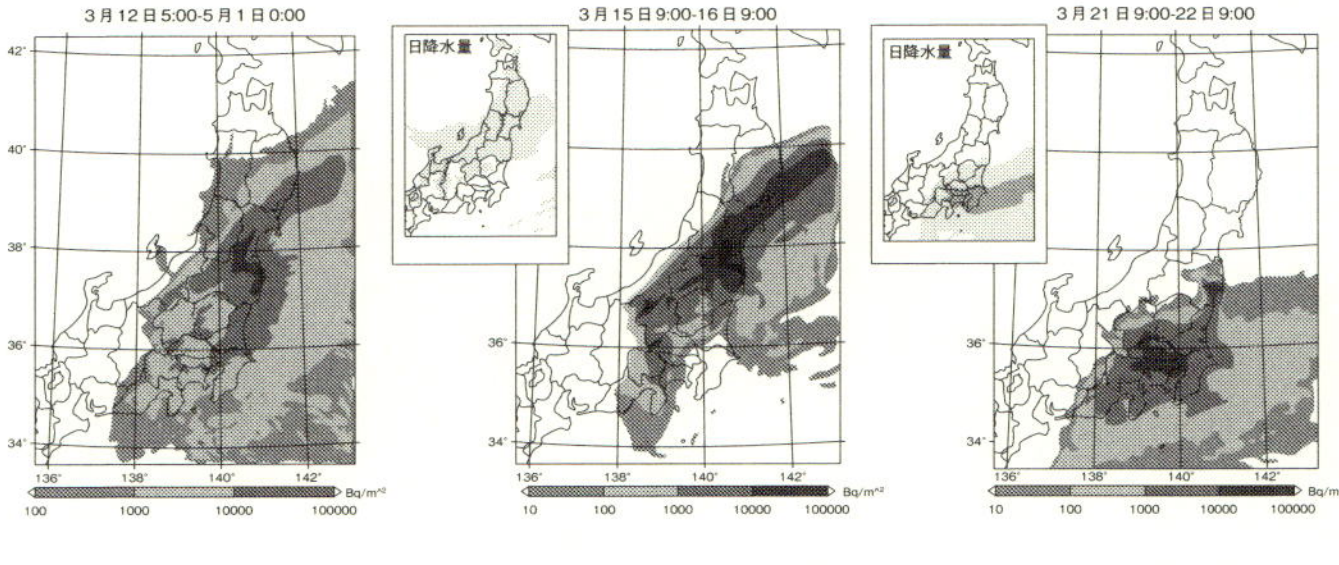

左：3月12日朝の5時から、5月1日0時までの積算沈着量予測
中：3月15日9時から3月16日9時までの降下量と降水量予測
右：3月20日9時から21日9時までのCs137降下量と降水量予測
出典：日本原子力研究開発機構（JAEA）平成23年9月6日発表を筆者一部修正。

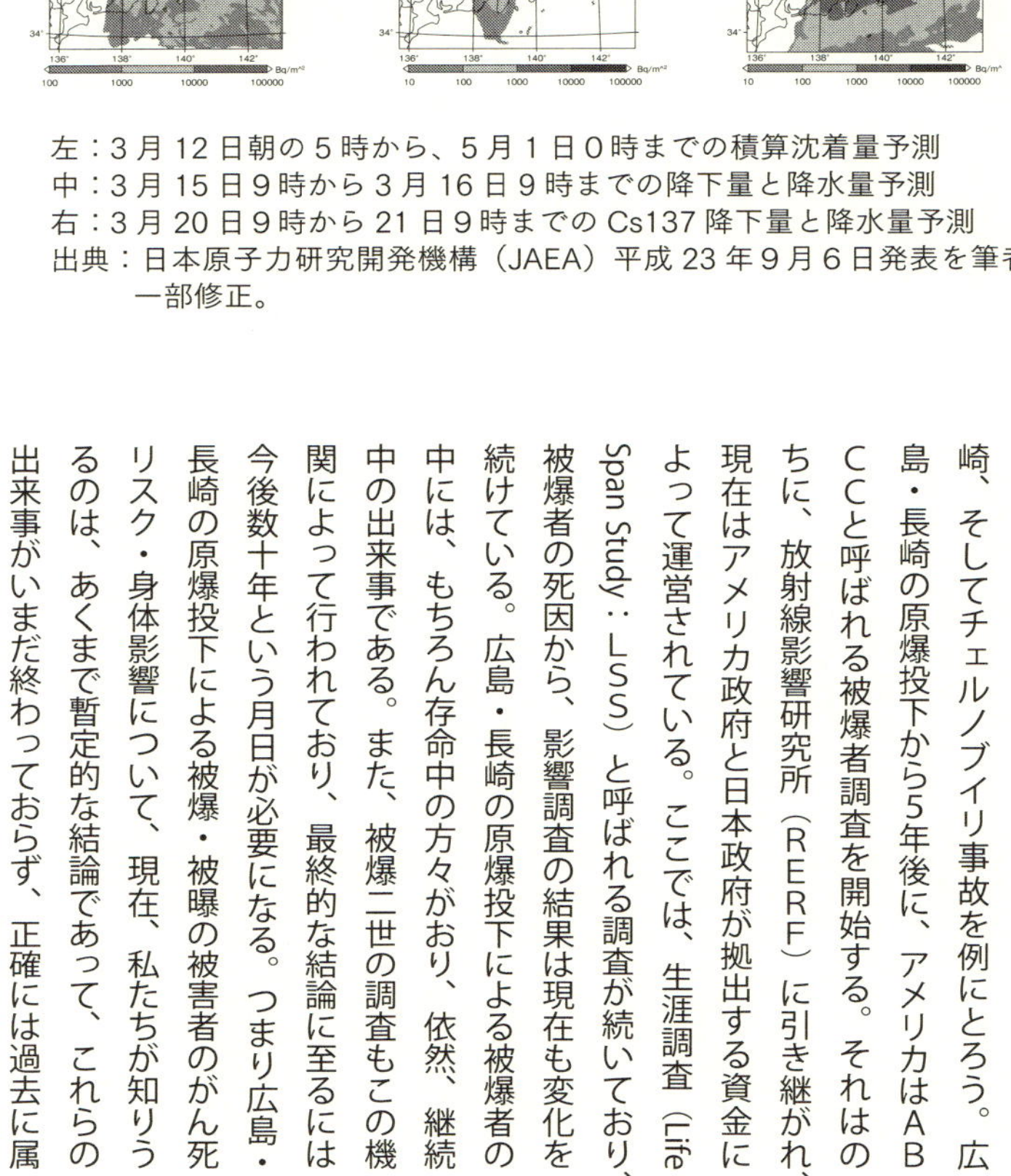

崎、そしてチェルノブイリ事故を例にとろう。広島・長崎の原爆投下から5年後に、アメリカはABCCと呼ばれる被爆者調査を開始する。それはのちに、放射線影響研究所（RERF）に引き継がれ、現在はアメリカ政府と日本政府が拠出する資金によって運営されている。ここでは、生涯調査（Life Span Study：LSS）と呼ばれる調査が続いており、被爆者の死因から、影響調査の結果は現在も変化を続けている。広島・長崎の原爆投下による被爆者の中には、もちろん存命中の方々がおり、依然、継続中の出来事である。また、被爆二世の調査もこの機関によって行われており、最終的な結論に至るには今後数十年という月日が必要になる。つまり広島・長崎の原爆投下による被爆・被曝の被害者のがん死リスク・身体影響について、現在、私たちが知りうるのは、あくまで暫定的な結論であって、これらの出来事がいまだ終わっておらず、正確には過去に属

あるかのような錯覚がもたらされているのはなぜか。一つには、平成23年12月16日に行われた、野田前首相による原発事故の収束宣言が災いしている。（しかしこれは、平成25年3月13日の衆院予算委員会で行われた東日本大震災からの復興に関する集中審議で現首相によって事実上撤回されている。）

いま現在でも（平成27年7月現在）、空気中に放出されるセシウムが平均で1時間あたり１０００万ベクレルであるという事実を知らない者は多いが、海に流出している汚染水についてはたびたびニュースにもなっており、一般への認知度はそれなりにあると思われる。[*5] しかし、こうしたニュースによる情報が示しているのが、いまも継続している東京電力原発事故であるのに対して、これらは福島県内で起こっている出来事、あるいは記憶の中の「フクシマ」で起こっている出来事として捉えられ、多くの人たちが現実の深刻さを理解するには及ばない。

した出来事とはいえない。そしてさらに、被爆二世の方々への身体影響について結論を得るには、更なる時間を要するのである。

２０１１年9月に福島県立医大で、「国際専門家会議」が日本財団主催によって行われた。原子力開発に携わる国々から代表として送られた国際原子力機関（ＩＡＥＡ）、国連科学委員会（ＵＮＳＣＥＡＲ）の科学者をはじめ、事故の影響評価を過少に見積もる傾向のある国内外の科学者の集会であったわけだが、そうした科学者らでさえ、チェルノブイリ事故の健康影響の全貌がわかるのは、今から60年以上のちであり、チェルノブイリ事故による健康被害に関する知見は、現段階の暫定的なものに過ぎないという認識を持っている。

過去に放射能が大量に拡散された出来事に対してでさえ、実際はそのようであるのに比べ、東京電力原発事故による被害は〝すでに終わった出来事〟でい。現在もなお、東京電力福島第一原発敷地内には、1万2000本を超える燃料棒の冷却が続けられており、特に破壊された1号機、2号機、3号機の冷却用燃料プールで冷却されている燃料棒の運び出しについては、高線量のためいまだに作業員が近づくことすらできない。

チェルノブイリ事故では、一つの原子炉の爆発があり、収束のためにコンクリートで覆う〝石棺〟が比較的早期に建設されたが、30年近くたった今では、石棺のコンクリートの劣化が進み、2つ目の石棺の建設が進められている。京都大学原子炉実験所の小出裕章・元助教によれば、福島第一原発から融け落ちた燃料デブリの取り出しは不可能であり、いずれは石棺の建設が必要になるだろうという。しかし、その石棺の建設を始めるまでに必要な作業があと30年はかかるだろうとみているという。[*6] そして、無事に30年後に建設が開始されて、石棺によって封じられたさらに30年後には、チェルノブイリ原発同様に二つ目の石棺を建造することが予想され、文字通り、世紀を跨いだ大事業となる。

こうした事態を踏まえれば、この地震大国の日本で、不安定な事故原発を抱えている状況であるにもかかわらず、さらなる過酷事故の可能性や、その際の緊急時対応がいまだに示されていない状況は正気の沙汰とはいえない。

現在行われている作業は、平成23年3月11日に起こった「爆発的事象」、これは当時の官房長官が使用した不可解な言葉の一つだが、実際には原子炉で起こった水素爆発の収束作業ではなく、東京電力原発事故という継続中の過酷事故に取り組んでいるのであると認識する必要があるのではないだろうか？

東京電力株式会社福島第一原子力発電所が、日本で唯一、県名がつけられていたことで、国、東電、国際機関、メディア、そして市民らによる「フクシマ」の記念碑化は促進の一途をたどり、風化に拍車をかけているかに見える。また、そのことによって、プルームの通過によって被曝した人々の健診・医療の提供、現在もなお深刻な現存被曝が継続する地域に居住する人々に対する支援・補償、そして現在もなお継続中の原発事故対応の作業、緊急時対応の策定が進まず、現実の深刻な状況に対する認識はより希薄なものになる。その様はまるで暗く重い影を背負った日常に気づくまいと努力しているようですらある。

［註］

＊1　http://law.e-gov.go.jp/htmldata/H24/H24HO048.html

＊2　「この法律は、平成二十三年三月十一日に発生した東北地方太平洋沖地震に伴う東京電力株式会社福島第一原子力発電所の事故（以下「東京電力原子力事故」という。）により放出された放射性物質が広く拡散していること、当該放射性物質による放射線が人の健康に及ぼす危険について科学的に十分に解明されていないこと等のため、一定の基準以上の放射線量が計測される地域に居住し、又は居住していた者及び政府による避難に係る指示により避難を余儀なくされている者並びにこれらの者に準ずる者（以下「被災者」という。）が、健康上の不安を抱え、生活上の負担を強いられており、その支援の必要性が生じていること及び当該支援に関し特に子どもへの配慮が求められていることに鑑み、子どもに特に配慮して行う被災者の生活支援等に関する施策（以下「被災者生活支援等施策」という。）の基本となる事項を定めることにより、被災者の生活を守り支えるための被災者生活支援等施策を推進し、もって被災者の不安の解消及び安定した生活の実現に寄与することを目的とする」。

＊3 「放射性プルーム、2度にわたり広く拡散〜新データで裏付け」（OurPlanet- TV ２０１４年９月９日）http://www.ourplanet-tv.org/?q=node/1829

＊4 「実用発電用原子炉の設置、運転等に関する規則」第1条第2項第４号。

＊5 平成26年8月25日付で発表された東京電力の資料によれば、１日に２２０億ベクレルの放射能が含まれる汚染水が海に放出されている。http://www.tepco.co.jp/nu/fukushima-np/handouts/2014/images/handouts_140825_04-j.pdf

＊6 東京電力福島第一原子力発電所の小野明所長はタイムズ紙のインタビューに対し、「２０５１年までに廃炉させることは飛躍的な技術の進歩がない限り不可能だろう」「デブリの取り出しに２００年かかるかもしれないが、我々の目標は30年から40年だ」と答えている。("Japan Faces 200-Year Wait for Fukushima Clean-Up — Technology to Decommission Melted-Down Reactors Does Not Exist," http://www.globalresearch.ca/japan-faces-200-year-wait-for-fukushima-clean-up-technology-to-decommission-melted-down-reactors-does-not-exist/5439572

第2章

フクシマは今
――エコロジー的危機の政治哲学のための12の註記

エティエンヌ・タッサン（渡名喜庸哲／訳）

絶望しすぎず、むなしい希望に酔いすぎることもないという人間、すなわち真の意味で、ユマニスト的な人間――大江健三郎[*1]

1

「フクシマの後に哲学する」というこの困難な問題についてみなさんとともに議論できる機会にお招きいただき、感謝を申し上げたい。議論の口火を切るために、いくつかの基礎的な考察を提案したい。まずはじめに、一つの予備的な指摘からはじめよう。この「ポスト福島の哲学」／「フクシマの後に哲学する」という表現は、アドルノがかつて用いた表現に近いからといって、これを濫用することはできないだろう。アドルノは、アウシュヴィッツの後には詩を書くことができないと述べたが、この問いは、アウシュヴィッツの後に哲学することができるのかという問いへと一般化されることになったのだった。

アウシュヴィッツとフクシマとを結びつけることには、念頭に置いておくべき二つの困難がある。一つ目の困難は、それぞれの状況が似たようなものであるかのように二つを同視することだ。一方の、ユダヤ人に対するナチの犯罪、これは人道に対する罪ということにされたが、この全体主義システムによって完遂された犯罪と、もう一方の、さしあたり自然災害である地震に起因する原子力の「事故（アクシデント）」と呼ぶことができるもの、これら二つの出来事のあいだには、周知のとおり、出来事としてはなんら関連はない。とはいえ、これら二つが問いただしているもの、それは、現在、今ということについての、さらには人間の条件についてのわれわれの哲学的な理解ではないだろうか。

もう一つの困難は、何らかの類似でもって、そしてまたあまり用心することなしに、フクシマをヒロシマへと結びつけることにある。なるほど、アウシュヴィッツとヒロシマのあいだには呼応するものがあるかもしれない。ドイツの哲学者で反核運動を活発に展開したギュンター・アンダースの指摘によれば、「人道に対する罪」という概念がニュルンベルクにおいて法的に成文化されたのは、

1945年8月8日という日付をもった文書においてであるが、それはヒロシマの二日後であり、ナガサキの前日である。[*2] ヒロシマとナガサキという二つの国家的な規模の犯罪と呼びうるもののいずれも「人道に対する罪」とはされなかったのだが。

しかし福島で起きたことは広島で起きたこととはまったく別のものだ。明白に、両者には大きな差異がある。すなわち、フクシマは戦争行為ではない。とはいえ、次のことを無視することはできない。つまり、原子力〔核〕は、民生用であれ軍事用であれ、原子力だということだ。さらには、フクシマに関して、言いかえるならば、民生用であれ軍事用であれ原子力を促進する政治に関して、もちろん問題含みだとはいえ、人道に対する罪という問題が残る。この点が根底では問題となるだろう。

2

1982年、ギュンター・アンダースは、『ヒロシマはいたるところに』と題された著作を公刊した。[*3] ヒロシマがいたるところにあると述べることでアンダースが言いたかったのは、まず、核による破壊とは、広島や長崎といった地球上の一地点においてのみ起こったものではなく、地球のどこにいようとも、そこに生きるあらゆる人間存在にとっての脅威であり現実である、ということである。しかしまた、アンダースの主張は次の点にもあった。すなわち、この脅威は、民生用であれ軍事用であれ、技術を用いるあらゆる人間の活動に影響を及ぼす。核は、そしてそれに固有の破壊可能性はいたるところにあるということだ。

ギュンター・アンダースは、核の問題が現代における中心的な課題であるということについてはじめて真剣に考えた哲学者であったが、その彼がつねに論じていたのは、軍事用の核兵器と民生用の核〔原子力〕は区別することができないということだった。一方が危険で破壊的なものであるのに対し、他方は生産的で恩恵をもたらすと考えるのはナイーヴにすぎるだろう。後者、すなわち民生用の原子力を促進しながら、前者、すなわち軍事用の核の問題をなしですましうると信じ込むのも無責任だろう。フクシマがもう一度思い起こさせてくれたのはまさにこのことである。

本稿に「フクシマは今」というタイトルをつけることで、私は以上のようなアンダースの考えを改めて取り上げつつ、民生用であれ軍事用であれ、破壊的な放射能が、われわれの現在をなしているということを強調したいと考えている。それだけではない。この現在とは、歴史的な連続性、直線的で少しずつ進歩していくような連続性の上にあるのではない。もしそのようだとすれば、明日になればこの脅威は克服されるだろうとか、明日になればフクシマはわれわれの過去になるだろうとか、そういうことを考えられるようになるだろうが、問題はそこにはない。われわれが考えるべきは、フクシマという名がわれわれに示しているもの、それは、われわれの「今」、ただし、「今」といっても、過ぎ去ることなく、克服されたり乗り越えられたりすることのない「今」だということである。

人類は、自分自身の破壊可能性という時代に突入した。この破壊可能性こそが、有名な文句をなぞるなら、われわれの時代の乗り越えられない地平となっているのだ。われわれは「終わりのとき」に突入したのであり、ここで提起される問いは、もはや、われわれはいかに生きなければならないか、ではなく、われわれは生き延びることができるのか、である――アンダースが述べていたのはこのことである。*4 不幸なことに、こうした破壊可能性の時代を意味する名前のうちの三つについて、犠牲になったのは日本人であった。

3

フクシマは、その名が、チェルノブイリ、ヒロシマ、アウシュヴィッツ等々と同じくらい決定的に世界中に響きわたるという悲痛な運命に見舞われた。人は、通常の出来事とみなすことができないものを指し示すためには、何らかの名前を必要とする。前と後のあいだで時間を共有する歴史的な連続性のうちに組み込まれるはずだと考えられているものに一種の断絶が生じると、それを指し示すためには名前が要るのだ。

もちろん、この名前は当然のものとして採用されたわけではない。そこには何らかの決断が働いているし、これによって、ある種の絶望的なまでの明断さが露わになること、あるいは露わになったとされることもある。つまり、フクシマは、単に、それに見舞われた人々にとってのみ該当するカタストロフの名であるばかりではない。同時にまた、そこで起きたことのうちに、人類にとって一つの断絶を画する出来事――（日本や、東アジアにとってばかりでなく）人類全体にとって決定的な契機を意味することとなり、言いかえれば、運命のようなかたちで立ち上がりうる出来事――を見るべきだと考える人々にとっても、何がしかを意味する名なのである。

20世紀には、アウシュヴィッツという名が示すものがあり（強制収容所というユダヤ人に対する計画的な絶滅政策）、ヒロシマとナガサキという名が示すものがあり（核兵器を用いて二つの都市をそこに住むあらゆる人々とともに破壊する原子爆弾）、チェルノブイリが示すものがあった（原子力発電所の爆発による世界の一領域の荒廃）。21世紀にあるのは、ワールド・トレード・センターという名であり（国際的・原理主義的テロリズム）、フクシマという名だ（原発震災という地震と原子力事故との連結。もちろんそこから放射性物質の問題もでてくる）。

4

チェルノブイリとフクシマは、どちらも、原子力事故の国際的基準では最も高いレベル7に分類された「事故（アクシデント）」である。ただし、チェルノブイリというカタストロフが、原子炉のオーバーヒートによるもの、つまり、人間の構築物の技術的欠陥（あるいは人間の予知不可能性）に由来するものであったのに対し、フクシマというカタストロフは、自然的な地震に由来するものだ。この意味では、フクシマは、チェルノブイリに加え、さらなる補足的な次元を有していると言えよう。

つまり、もし人間が、プロメテウスのような狂気でもって、いつの日にか、原子力エネルギーの生産の条件をすべて技術的に制御しうると主張するにいたるのならば、地震（そして自然そのもの）を制御し、そういうものによって人間の技術的な世界が混乱されないようにもすることができると主張しうるのでなければならないだろう。フクシマが思い起こさせてくれるのは、技術という次元と自然的な所与との相関関係が人間の思い上がりを相対化するということだ。人間が作り上げた人工的世界と予見不可能で制御不可能な自然とが分かたれながらも関わりあっていること（partage）、フクシマはこれを政治的な問題とするのである。

とすると、フクシマの教訓とは次のようなものとなる。人間が、自然のエネルギーや自然の力を従属させ、それらを自分たちの役に立つように用いることができるものにしようとして作り上げたテクノロジー的な世界、この世界はまだ、人間が制御することのできない力に依存しているということである。科学―技術において自らの卓越性を実現しようとする人間は、「自然の支配者および所有者になる」（デカルト）という企てによって突き動かされている。しかし、自然はほころびをみせ、この支配に抗うこともある。

マキァヴェッリやルネサンスの技師たち、ベーコンやデカルト以来、人間と自然との関係は支配という関係から考えられてきた。ベーコンは「自然を問いに付さなければならない」と言っている（『ノヴム・オルガヌム』）。問い（question）に付すとは、〔語源的には〕拷問にかけるという意味である。つまり、自然に対し、人間の役に立つように、その秘密を語らせるようにしなければならない、というわけだ。このような考えは、マキァヴェッリの『君主論』第25章においてもすでに表れていた。自然の力を飼いならし、その破壊的な力を人間の産業に恩恵を与える力へと変換させるというのだ。フクシマが思い起こさせたのは、このような自然に対する支配の企てはつねに妨げられるということである。人間が自然の完全な支配者になることはできないということだ。

5

以上の初歩的な確認から引き出すことができるのは、次のような二つの、逆向きの帰結である。一つは、自然をあくまで従属させようとし、自然の力に対する闘いを徹底化させ、最終的にそれを全体的に制御しようとするもの。もう一つは、自然や世界に対する支配、制御、所有、我有化、搾取という複合的パラダイムはもはや妥当ではないのではないかとするものである。つまり、人間が、自らが住まう世界と織りなす関係がいかなるものかを考え、それを実践するには、別様の仕方があるのではないかと問うことである。

このことを言いかえて、自然の搾取に対し、世界への居住を対置することができるかもしれない。具体的に言えば、自然を汲みつくすものとは異なる、それとは別の、再生可能なエネルギー資源があるだろうし、またエネルギーを生産するために、原子力に頼ることのほかに、もはや見過ごすことのできない方策があるだろう。原子力は、人類全体の破壊という最大の危険をそれ自体のうちにはらんでいるのだから。ただ、こうしたことは、一つの理念であって、理念以上のものではない。

先に述べた二者択一は、つまり、一つの理念（敬虔な祈り）と、現実（すでにわれわれに課せられている現実）とのあいだにある。というのも、経済的グローバリゼーション（およびそれを支える金融市場）と、このグローバリゼーションが要請し、資金援助し、促進している科学技術の指数的な進展、この両者の歴史的な結びつきは、次のような帰結を伴うものだからだ。すなわち、自然に対する支配の進行は、止めることも、ブレーキを掛けることすらできず、ましてやそれを道徳的なものにすることもできなくなってきているのである。ゲノム配列の決定、生体細胞のクローン技術、核融合や核分裂の制御、人工知能、ナノテクノロジー、宇宙空間の探索等々がその例だ。

自然を従わせ、人間の技能のためにそれを搾取する科学技術という近代科学のパラダイム、これがわれわれの条件であり、原子力発電所はその象徴である。このことは、自然を制御するために獲得された全能さを語るものであると同時に、こうした全能さが立脚している人間の体制がきわめて脆いものだということも語っている。ここには次のような両義性がある。すなわち、こうした力は、ある種の脆さを犠牲にしてしか獲得されないということである。一つの地震があれば、エネルギーを生産するための道具も破壊的な爆弾に変わりうるということである。

6

とすると、フクシマは何の名なのか。それは、それぞれ異なった状況に関わる次のような二つの逆説の名前である。その逆説の一つは、帰結の逆説と呼びうるもの、もう一つは、条件の逆説と呼びうるものである。

一方の、帰結の逆説とは次のようなものである。[*5] エネルギーを制御するための科学技術による介入は、この介入そのものに矛盾するような効果を避けがたくもたらすということだ（原子力はもちろんその例だが、遺伝子組み換え技術、あるいは、より日常的なレベルでは病院内感染もそうだ。病院に患者は病気を治すために行くわけだが、そこでの看護によって病気にかかることになるからだ）。ハンナ・アレントは、似たような状況についてすでに述べていた。アレントによると、自然のプロセスに対する科学的な介入は、自然においても、さらには特許のようにそれを経済的に活用することによるその社会的影響においても、これから起こることを予見することもできないしすでに起こってしまったことを取り消すこともできないという帰結をもたらすことになるのだ。

この逆説は、文字どおり悲劇的なものだということを指摘しておこう。われわれが運命から逃れるために、あるいは人類の未来を保証するために行っていること、そのことがまさしくこの運命そのものを早めているのであり、人類に破滅を余儀なくさせることになるのである。原子力の制御が、原子力を制御不可能にし、そこから期待されていた恩恵が、確実な災厄になるということである。ソフォクレスによれば、オイディプス的な状況である。

他方の、条件の逆説については次のように言うことができる。人間の条件を支配しようとする試みから露わになるのは、人間の条件が、自らが制御できない偶然性と分かちがたく結びついているということである。言いかえるならば、人間が自分自身の世界の造物主になり、自分たちの生存の条件を制御しようと要求する自由、これは、この自由そのものの偶然性に立脚している、ということである。ここにあるのは次のような二者択一である。人間が、自由に自然の主人・所有者となり、このような主人・所有者の主権性によって、自らの自由からあらゆる偶然性をとりはらうか、それとも、人間が、自分たちの存在条件に対する主権者とはなることができず、自らの自由はつねに失敗を余儀なくされるか、という二者択一である。

ハンナ・アレントは、この二者択一を、主権か自由かという対立で語っていた。どのような主権も自由ではなく、どのような自由も主権ではない、われわれはつねに自由と主権とのあいだで選ばなければならない、というのである。

7

フクシマは、ヒロシマとアウシュヴィッツがすでに露わにしていたのと同じような矛盾を露わにする。原子力エネルギーの主権者になろうと欲したとしても、われわれは、この主権性の条件すら制御することができないために、それに従属してしまうということである。原子力エネルギーの制御ということには傲慢さがあるだろう。科学者、政財界の人々、彼らは、自分たちがそのプロセスを制御していると、無邪気に、しかし殺人的に信じているという点で、手に負えない事態を招く魔法使いの見習いの役を演じているのであり、それについて責任を負っている。オイディプスは、神々から与えられた運命から逃れるために、コリントを去り、テーバイへと赴き、まさにそのことによって自らの罪深い運命を早めてしまうのだが、ちょうどこのオイディプスと同じように、原子力のテクノクラートは、原子力エネルギーの使用条件を制御できると信じながら、自分たちがすでに想定済みだ、織り込み済みだと主張している破壊を早めるわけだ。

ところで、アウシュヴィッツが明らかにしたこと、それは全体主義的支配の唯一の出口は全体的な破壊だということだった。ヒロシマとナガサキという二つの分かちがたい罪が明らかにしたのは、原子力エネルギーのもつ致死的なまでの主権的な力であり、この主権的な力は全体権力という幻想（国家やそこに住む人々をコントロールするという幻想）から切り離せない、ということであった。チェルノブイリとフクシマが語っているのは次のような事態である。すなわち、こうした死をもたらす事故(アクシデント)は偶然(アクシデント)ではないということである。このことは、死が主権的な支配の企てに最初から織り込まれていたのと同じように、制御という企てそのものにすでに織り込み済みのことなのだ。原子力エネルギーの使用という企てに参与していく者は、自分にはこの企てがもたらしかねない破壊を予防することができないし、それがもたらす諸々の帰結を拒むことができないということを認めておかなければならないだろう。

いかなる盲目、いかなる経済的利害関係が原子力産業にあったのかは、２０１1年3月31日に、東京のフランス大使館で次のように語ったある国家元首の卑劣さが見事に説明してくれる。彼はこう言ったのだった。「原子力は安全だ」。ギュンター・アンダースは正しかった——われわれは、恐れることの勇気をもたなければならないのだ。

8

ハンナ・アレントとギュンター・アンダースは、方策は異なるとはいえ、根底では合流するようなかたちで、原子力時代がわれわれの「今」であるということを見てとっていた。

アレントは、現代の科学技術の特質たる世界疎外を、人間が感覚することのできる経験の喪失、つまり人間にとって意味／感覚(サンス)をなす土台としての世界の喪失であると述べた。核分裂や核融合は、われわれにとっては意味／感覚を有さない。それは技術的、抽象的な操作であって、われわれが経験している世界ではたとえば電力といった誤解されやすいかたちでしか現れてこないのだ。

しかし、そこには、マルクスが『資本論』のなかで商品フェティシズムについて分析したものと同じ論理が働いている。原子力エネルギーのフェティシズムのようなものがあるのであって、その商品形態（その使用と、原子力発電所から出てくるその利益）によって、電力が、われわれの生存に欠かせない通常のものとなるにいたった恐るべき条件は隠蔽されているということだ。逆に、科学者たちの世界、たとえば原子力の世界は、彼らにとってもわれわれにとっても、一つの世界を形成しているわけではない。というのも、それはわれわれが体験することのできるような対象ではないからだ。近代科学の合理的な世界、これは、おおよそアレントの言うところに従うならば、文字どおり、意味／感覚／道理（サンス）を失った世界であり、非人間的な世界である。というのも、それはわれわれが体験を有することのできるものとは何の関係もないからであり、とはいえ同時に、この世界は、この共通の経験の世界に対して、反転して向かってくることもできるからである。

アンダースが提示するのは、技術の自律と呼ばれる主張である。そこには次の二つの側面がある。

第一に、前世紀における技術の異様な発展は、次のような帰結をはらんでいた。科学技術の生産性が、まさしく人間が行う活動から独立してくるという帰結である。それはもはや単なる道具や、単に人間の活動を延長したものではなくなる。科学技術の生産性は、そこから遊離し、それ自身に固有の論理、人間がもはや制御することのできない論理につき従い、固有の活動を展開していくようになる。

第二に、技術は、それに固有な力学に従い発展していくことにより、ついには人間に対して立ち向かうようになる。ここには夢想や妄想はない。アンダースが述べているのは、ただ単に、人間はもはや自分がはじめたものを止めることができない、ということである。人間が口火を切ったものは、人間の手を離れていき、恐るべき帰結を引き起こす。人間が予見することができなかった、そして今も予期することができない、ましてや取り繕うことなどできないような帰結である。原子力はそのきわめてすぐれた例証となるだろう。

9

このように見てみると、アンダースの分析とアレントの分析が合流するものであることがわかる。アンダースは、この原子力時代の状況を「プロメテウス的落差」という表現でもって言い表した。この落差とは、人間が行っていること（そして人間を超えていくこと）と人間が想像することができることとの落差である。言いかえれば、人間は、もはや自分が何をしているか想像することができない、自分がしていることの帰結が何かを想像することができないということである。アイヒマンも、自分が行っている仕事が結局〔ユダヤ人問題の〕最終解決に資することになるとしても、その当の事務仕事が何を生み出すのかを想像することができない。マンハッタン計画の責任者、そして、ヒロシマやナガサキに爆弾を投下する任務を負った飛行士たちは、自分たちの行為がどのような惨劇をまねくかを想像することができない。原子力に関わる官僚、技師、企業は、多くの地域をチェルノブイリやフクシマの危険にさらすということがどのような意味なのか想像することができない、ということだ。彼らはもちろん知っている。しかし想像することができないのだ。この想像力の欠如、これが意味するのは、思考能力の欠如、自分の行為の人間的な意味、世界的な意味を把握する能力の欠如である。これは、アンダースによれば、「転倒したユートピア主義」症候群である。「ユートピア主義者は、自分たちが思い描いているものを生み出すことができないのに対し、われわれは、われわれが何を生み出しているかを思い描くことができない」のだ。[*6] この症候群は、アレントが世界疎外として描いたものに対応する。つまり、世界喪失である。

10

アンダースにあっては、この世界からの疎外という状況に対応する概念が二つある。無世界性（acosmisme）と異邦性（extranéité）である。これらの概念が練り上げられたのは、１９３０年代、アンダースと名のる前のギュンター・シュターンが、まだハンナ・アレントと婚姻関係にあった時期である。彼ら二人は、30年代の半ば以降、個人的にも理論的にも距離をとっていくことになるが、それでも彼らの分析がこの無世界性および異邦性という二つの概念をめぐって合流するというのは驚くべきことではない。とりわけ、アレントの考察が世界の問題へと、さらに世界における人間の条件の問題へと延びていくとき、アレントにおいてもまさにこれら二つの概念が見られる。[*7]

彼らは二人とも、現代という時代は１９４５年８月６日に生まれたと考えている。この世界とは逆説的にも、無世界的な世界、つまり、それ自身のうちに自らの破壊の可能性をはらんでいるという事実によって規定された世界である。破壊の力、あるいはむしろ世界の破壊としての力——アレントにとって、これが実験されたのは、全体主義の強制収容所においてである。とはいえ、大量虐殺の破壊性、全体主義システムの破壊性もさることながら、原子力の破壊の力もそれにひけをとらない。この力が証言しているのは、人間が、世界の破壊を開始する手段を見つけたのとおそらく同時に、この破壊が実現する場合に自分たちが犠牲にならないようにするための手段を失ったということなのだ。

アンダースは、50年代から60年代に核兵器を正当化するために用いられた、核の脅威（アメリカ）と全体主義（ソ連）という二項対立的なレトリックに対し、こう答えている。「核の脅威はそれ自体全体主義的であり」、人類が「全体主義的な存在」であることを強いている。すなわち、強制収容所における捕虜たちとまったく同様に、人間はもはや「まだ殺されていない」ということによってしか定義されえないという、そういう存在であることを強いている、というのである。核の脅威は「地球を、どこにも逃げ場や出口のない一つの強制収容所へと変革させたのではないか」——こうアンダースは問うている。[*8] これは軍事用の原子力〔核〕の脅威であれ、民生用の原子力〔核〕の脅威であれ、どちらにも当てはまることだろう。[*9]

11

30年代の初頭にアンダースが練り上げた人間学を手短に紹介するのは不可能だが、次のような見地だけ指摘しておこう。人間が世界に対して異邦性を有するというアンダースの考えが示しているのは、人間はア・プリオリに世界に帰属しているのではないということである。人間はア・ポステリオリに世界に帰属する、言いかえると、感性的体験はもちろん実践的な体験も含め、人間が世界についても つ体験によって世界に帰属するということである。実践的と言ったが、これをプラクシス的と言いかえることもできる（すなわち、単なる道具的な行為ではなく、人間の自由な行為に関連したという意味でのプラクシスである）。世界は単に生存環境として与えられているのではなく、複数の人間が世界と織りなす関係によって生み出される、ということである。

そこでは人間と世界との隔たりこそが人間的自由の条件となる。自然（ナチュール）の未規定性とは、何によっても固定されていない規定可能性の裏面である。「人工的であることが人間の本性（ナチュール）／自然であり、不安定性がその本質である」とアンダースは述べている。[*10] この異邦性とこの自由（「人間の本性／自然」が固定的なものではないこと）、このことは次のことを含んでいる。すなわち、人間的な世界があるかどうかは、人間がこの世界をめぐって何を為すかにかかっている、ということである。言いかえれば、人間の行為が、人間的世界というパースペクティヴに組み込まれることがないならば人間性というものもなくなるだろう、ということである。

アウシュヴィッツとコリュマの後、ヒロシマとナガサキの後、そしてまたチェルノブイリやフクシマとともに、世界は人間的であることをやめた。というのも、もはや人類は、現代科学の発展にともない、世界をめざして行為することをやめ、世界内に存在することをやめた、言いかえれば、自らの異邦性を起点にして自分たちが織りなす世界に帰属することをやめたからだ。人間に対し世界と自由な関係を織りなすように命じてきたこの異邦性は、無世界性（acosmisme）へと変転し、そこで人間の自由は、幻想的に、この世界に対して立ちはだかり、それを搾取し従属させようとすることになる。アレントの言葉を用いれば、人間の自由が主権的な力へと反転したため、この同じ自由が自分自身に対して立ち向かうようになった、と言えるだろう。すなわち、自己や他者や自然の支配、これが一体をなし、世界や人間的な共同体、そして各人がこの共通世界に対してもちうる体験を排除し、破壊するようになるということである。

12

最後に一つだけ指摘しておこう。ここに概略的に素描した人間学的な考察、これが呼び求めるのは、形而上学や倫理ではなく、政治〔ポリス的なもの〕だということである。全能という幻想、そしてその恐るべき無能、それを暴き出すためにわれわれが行為することのできる唯一の場は、政治的な舞台なのだ。アレントは全能さの逆説を次のように暴き出した。1945年8月6日、「われわれは否定的な様態で全能者になった。だが、われわれが一瞬のうちに絶滅させられうるということ、このことが意味するのは、同じ日以降、われわれは全面的に無能になったということだ[*11]」。

ヒロシマからフクシマへといたる連続性が、原子力のファンタスムが含みもつ世界の破壊可能性にあるとすれば、またフクシマが、原子力の権能の無能さ、その裏面、その否定性を証言しているのだとすれば、世界の原子力ロビーに対して行われるべき政治的な行為は、世界のための行為ということになるだろう。それは、単に諸々の称えるべき、重要な行為のうちの一つというのではなく、決定的な行為であろう。というのも、それのみが、人間の自由のもろさおよび世界の貴重な異邦性に結びついた無世界性の危険に加え、異邦性の状況が含みもつ哲学的な争点を凝縮するものだからである。この意味で、フクシマという名は、自然的・技術的な災害を指すだけでなく、同時に、コスモポリティックな戦いの象徴ともなるのである。

〔註〕

＊１　Kenzaburô Ôé, *Notes de Hiroshima tr.fr.* D. Palmé, Folio, 1996, p. 186.〔大江健三郎『ヒロシマ・ノート』岩波新書、１９６５年、１２３頁〕。

＊２　Günther Anders, « La plus monstrueuse des dates » (1967), in *La menace nucléaire. Considérations radicales sur l'âge atomique* [1981], tr. fr. de Ch. David, Paris, Editions du Rocher / Le serpent à plumes, 2006, p. 245.

＊３　G. Anders, *Hiroshima est partout*, tr. fr., Paris Seuil, 2008.

＊４　G. Anders, « Thèses pour l'âge atomique », in *La menace nucléaire, op. cit.*, p. 146.〔矢野久美子訳「核の時代についてのテーゼ」『現代思想』31巻10号、青土社、２００３年、68頁〕。

＊5　これによく似たものが、マックス・ヴェーバーが１９１９年および１９２０年の職業としての政治にまつわる講演のなかで政治的行為について述べているところにも見いだされる。

＊6　G. Anders, *La menace nucléaire*, *op. cit.*, p. 149.〔「核の時代についてのテーゼ」前掲、70頁〕。

＊7　一つの逸話を記しておこう。約10年前に私はハンナ・アレントの思想の政治哲学的含意を無世界性と異邦人性という語でもって提示したが（Etienne Tassin, *Un monde commun. Pour une cosmopolitique des conflits*, Paris, Seuil, 2003）、そのときはまだこのアンダースのテクストのことは知らなかった。

＊8　G. Anders, « L'homme sur le pont. Journal d'Hiroshima et de Nagasaki, 1958 », in *Hiroshima est partout*, *op. cit.*, p. 263.〔篠原正瑛訳『橋の上の男』朝日新聞社、１９６０年、２３３頁〕。

＊9　G. Anders, *Hiroshima est partout*, *op. cit.* p. 73.

＊10　G. Anders, « Pathologie de la liberté », *Recherches philosophiques*, vol. 6, 1936.

＊11　G. Anders, *La menace nucléaire*, *op. cit.*, p. 145.〔「核の時代についてのテーゼ」前掲、68頁〕。

コラム②

隔たりのなかでの闘い

堀切さとみ

はじめに

2011年3月11日。みたこともない大津波の映像と、福島原発の異常を伝えた報道。「恐れていたことが現実になってしまった」。福島原発から280キロ離れた埼玉県に住む私でさえ、ものすごい焦燥感にかられていた。「原発周辺に住む人たちは、ちゃんと避難しているのだろうか」。テレビでは枝野官房長官（当時）が「ただちに影響はありません」と繰り返していたが、そんな悠長なことはいっていられないだろうという思いだった。

私は埼玉県の小学校で給食調理師として働きながら、映像制作をしている。最初に撮影したのは上関原発（山口県）の建設に反対する祝島の人々だった。彼らは「原発ができたら海の生態系は破壊され、故郷はメチャクチャになってしまう」とカメラの前で堂々と語ってくれた。そんな人々の意志を踏みにじって上関の工事が始まろうとした矢先に、福島原発事故が起きた。

福島第一原発は日本の原子力政策の初期に建設された。祝島が原発の何たるかを知ることができたのは、福島原発で働いた経験をもつ島民がその実情を語り継いだことも一因している。福島原発の地元にも、計画当初は反対する声もあったという。しかし建ってしまった以上、黙って原発と共存するしか道はなかった。「絶対に事故は起こさない」という言葉を信じる以外に何ができただろう。その結果として故郷を奪われてしまった人たちの行く末を見守りたいと強く思い『原発の町を追われて』という映画をつくった。その制作と上映会を重ねる中で、私なりに感じてきた「福島」について語ってみたい。

双葉町との出会い

事故から1週間後、私の近所にある『さいたまスーパーアリーナ』に、福島原発周辺から避難してきたという知らせを聞いた。いてもたってもいられず駆けつけると、そこには着の身着のまま、2000人を超える人たちがいた。ボランティアやマスコミも大挙して押し寄せており、私は商工会議所の人たちに交じって炊き出しを手伝った。そうしながらも「ここにいる人たちは、すぐに帰れると思っているのだろうか」と気になり、翌日からは寝泊まりしているスペースに入っていって話を聞くことにした。

思いのほか話に応じてくれる人は多かった。福島県内の避難所を転々とし、命からがらここにたどり着いたのだという。ホッとしたのも束の間、アリーナは三月いっぱいで退去しなければならず、これから先のことを思うと絶望的だという声を聞いた。そして、避難してきたいくつかの市町村の中で、双葉町だけは4月以降も同じ埼玉県内に避難所を設けたという。埼玉県の北部・加須市にある廃校（旧騎西高校）に町役場ごと移ることになったのだ。双葉町は福島第一原発5、6号機が立地し、事故後は警戒区域となった町だ。爆心地から少しでも離れるべきだと思っていた私は、そのような決断をした町があることに救われた思いがした。と同時に「アリーナにはマスコミが沢山きて注目されているけど、加須市に移ったら誰も追いかけてこなくなる。俺たちは忘れられていくだけだ」と言った双葉町民の言葉が忘れられず、旧騎西高校を訪ねることにした。

埼玉の避難所を訪ねて

4月。旧騎西高校では1400人（人口の約2割）の双葉町民が、体育館、柔道場、教室など、校舎を丸ごと使って避難生活を始めていた。朝晩支給される弁当の列に並ぶ人。旧騎西高校は一時避難所であるため、避難している町民が煮炊きをすることはできないのだ。校舎の中庭では、毎日のようにボランティアや有名人によるイベントが行われていた。それを見ながら一人の女性がつぶやく。「昼間から仕事もしないで、こんなところにいるなんて情けない。自分も岩手や宮城に行って、瓦礫撤去の手伝いがしたい」。衣食住の保障だけで、人は生きていけるのではない。ただ与えられるだけの生活は「収容所」と同じという人もいた。

週末ごとに通い、喫煙所や昇降口で世間話をしている人たちの中に入っていくと、いろいろな話を聞かせてくれた。その中で「原発による恩恵」を口にする人は少なくなかった。産業のない町に東電は雇用を生み出してくれて、出稼ぎするしかなかった家族が一緒に暮らせるようになったというのだ。そのうちの一人Tさんは、義理の息子が3月11日に原発の中で作業をしていたのだと打ち明けた。爆発した直後「逃げたい奴は逃げてもいい」と所長に言われたが、ちり紙に遺書を書いてその場に残ったという。「特攻隊みたいだろ？ そんな息子を誇りに思う」、そうTさんが語るのを聞いたとき、驚くと同時に、原発と共に暮らした人の思いにふれたような気がした。

原発事故から逃れてきた人と、それを受け入れる加須市の人々の間には当然のことながら戸惑いや確執があった。できることなら故郷で復興したい。それが叶わない中、旧騎西高校のグラウンドで双葉町の盆踊りをやろうという声があがったのは7月のこと。遠慮がちに避難生活を送っていた人たちが、加須市の人との交流を願い、やぐらの上で笛や太鼓を奏で、誇らしげに踊る姿に、埼玉の地であっても双葉町民として生きようとする人々の強い意志を感じた。

声をあげ始めた人々

しかし「いつまでこの避難所生活が続くのか」「双葉に帰れる日はくるのか」。こうした疑問に、国も東電も答えてはくれない。行く先の見えない中、プライバシーのない集団生活に耐えられず、周辺の借り上げ住宅に移ったり福島県に戻ったりする町民も増えていた。２０１１年9月、ようやく東電社員が旧騎西高校を訪れたが、加害者の側からの一方的な賠償説明をするためで、井戸川克隆町長（当時）はこの賠償説明会を中止させた。さらにこの頃、政府からは中間貯蔵施設を双葉郡につくるという話が浮上していた。井戸川町長は「福島原発から出た放射能は『無主物（誰の責任でもないもの）』とされている。加害者責任をうやむやにしたまま、被害者である地元が廃棄物を引き受けるという前例をつくるわけにはいかない」と、会議への出席を拒否した。

おとなしいことを自認してきた双葉町民が、旧騎西高校ではじめて住民集会を開いたのは２０１１年11月のことだった。「原発によって恩恵をうけたと言われているが、我々は事故の前から放射能を浴びる危険な仕事をしてきたんだ」「このまま放置されるだけなのか。国と東電は俺たちが死ぬのを待っているのか」。また、子どもたちが学校でいじめられているとか、「埼玉に避難したということで、福島県からは「非国民」扱いされている」という声もあった。インターネットで情報を集めたり講演会に出かけたりする人もいて「自分たちは地震の被災者であるというより、水俣病で差別された人たちに近しい」と訴える人も出てきた。

分断される町

前代未聞の原発事故をうけて、当該自治体はあまりにも大きな難題を突き付けられたのだが、政府は避難指示を出すだけで避難場所を用意してくれるわけではなかった。そんな中で町民の命と健康を最優先し、埼玉に避難することを決めたのが井戸川町長だった。

これに対し、国と福島県は事故直後から著名な学者を招いて「年間20ミリシーベルトなら安心して住める」などのキャンペーンを行い、その後は除染に力を入れて帰還政策を進めた。放射能への不安を口にすることはタブーになっていく。こうした中、福島県内で避難生活をしている双葉町民からは「なぜ役場を埼玉県に置いたのか」という声もあがっていた。また埼玉で避難生活を送っていた人々の中にも「事故を起こしたからって『ハイさようなら』とはいかねえべ」と言って原発の仕事に戻る人も現れてきた。1年たつと「双葉町に戻ることが叶わなくても、せめて福島県内で暮らしたい」という人が町民の半数を超えた。復興も賠償も進まない中、福島県内の仮設住宅と避難所の待遇の違いをめぐって町民どうしのいさかいも表面化した。「双葉町だけが県外に避難場所を置くなんて恥ずかしい。閉鎖しろ」という声さえ出てきた。双葉町民の感情は一筋縄ではいかず、さまざまな考えや利害関係をもつすべての人たちを、町長は抱え込まなくてはならなかった。

福島県内にいても県外にいても、どこに避難していても双葉町は「原発の恩恵を受けた町」「賠償をもらっている」という目でみられてしまう。「恩恵」という言葉を双葉町民が口にするのは、町民の心からの実感というより、周りから科された重い枷（かせ）なのではないだろうか。

それでも井戸川町長は、役場を福島県に戻すことに反対した。福島県内のいたるところが放射線管理区域に指定される数値であることを示し、国が自ら決めた法律を反故にし、危険な場所に人を住まわせるのは犯罪行為だと主張し続けた。そんな中、双葉町議会は2012年の暮、井戸川町長への不信任案を出し、議員全員の賛成で成立させた。国や東電に向けるべき怒りが、町長おろしという形で噴出してしまったことが、私は残念でならなかった。

故郷を奪うのは誰か

旧騎西高校は2013年の暮に閉鎖になった。最後まで避難所に残っていた双葉町民は100人を切り、高齢者を中心とした生活弱者が圧倒的だったが、それを若い町民が見守っていた。夜、避難所の中にできたカフェに立ち寄ると、そこには周辺の借り上げ住宅に住む双葉町民も集い、お茶をのみながらフタバなまりの会話を楽しむ姿があった。それは支援者をもホッとさせる居心地のいい空間だった。

私が双葉町の人たちから一番感じるのは、故郷への思いだ。都会のようなショッピングセンターもコンビニもないが、豊かで深い緑がある。日本全国にそうした自然はあるが「双葉の、自分の家から見える山が一番」というのだ。他の山や海をみても「きれいだなとは思うけど、それだけだナ」という。自分たちはかけがえのない故郷に育まれてきたのだと。

豊かな農産物や動物たちを育てた大地が汚染され、根っこをもがれたような気がするという人もいた。

拙作『原発の町を追われて』は2012年7月に都内で公開し、海外の映画祭を含め100カ所以上で上映することができた。お寺やカフェでの上映会には、双葉町をはじめ福島原発からの避難者も参加し、都会の人たちと膝を突き合わせて自分の思いを語る機会も増えた。交流会を重ねるにつれ、「自分たちは何かとんでもない悪いことをしたのか？」「ただ当たり前に、人として生活したいだけなのだ」

と都会人に語る町民も出てきた。その言葉からは、「避難民」という偏見をうけ黙りこまされてしまうことから脱却しようとする、強い決意を感じる。

また、都市部に暮らす人の中にも故郷を奪われる喪失感というものについて、共感できる人と想像すらできないという人がいるように思う。もしかしたら前者こそが、原発に翻弄され続けた人々の実情を、我が身に置き換えて考えることができる人なのかもしれない。

事故から4年たった今も、誰一人自分の町に帰れていない。双葉町民は「双葉町で生きる権利」を奪われた。そのことの重さを、私たちはもっと感じ取っていく必要があると思う。

第3章

核時代の生――哲学・思想からの提言

山口祐弘

はじめに

福島は、広島、長崎に次ぐ第三の核被災地の名となった。原発と原爆、原子力の平和利用と軍事利用の違いはあれ、福島とともに広島、長崎を連想する人は少なくない。そこに通底する問題のあることは否定すべくもない。それは、人類が肉眼で見ることができない原子核を破壊し制御困難な事態を招いてしまったということである。それは、まったく新たな技術的問題を提起しただけではない。放射線のもたらす環境汚染と生体への影響、極限状況の中での精神・心理的変化、生存者に対する社会的救済、原子力施設の安全性をめぐる方策など、さまざまな分野での取り組みを必要とするに至った。20世紀以降、人類は新たな危機の時代に突入したと言って過言ではない。それの孕む問題の深刻さは、人類と核の共存は可能かという問いをすら生んでいる。事は、人間の生そのものの意味を懐疑させるところにまで達している。

世界の終末を予感させるこうした状況を前にして、哲学は何を語りうるのか。「分裂こそは哲学の要求の源泉である」[*1]というヘーゲル（１７７０─１８３１）の言葉に従うならば、危機の中でこそ哲学は開始されなければならない。哲学はこの危機を切り抜ける方途を模索しなければならない。だが、分裂の只中において自己を保持しうることこそ精神の生である[*2]、と同じくヘーゲルが記した精神の強靭さを現代人は保持しえているのか。あるいは、幾世紀にも亘って人類が培ってきた思想は、この課題に答える手懸かりを用意しているのだろうか。

こうした問いは、広島、長崎以後反芻されてきた問いであろう。以来70年近くの間、人々が何を考えてきたのかを知ることは、現在の焦眉の問題に向き合おうとすれば、不可欠のことであろう。そして、伝統的な思想の中に手懸かりを見出すことに努めることも、哲学研究者の避けてはならない課題である。

本章では、広島以降さまざまな分野で重ねられてきた取り組みと並んで、哲学・思想の領域から現代の課題をどう捉え、考えて行かねばならないのかを問うことにしたい。

1 フクシマの時間性

２０１１年3月11日午後2時46分東日本を揺るがした地震とそれに続く津波によって、福島第一原子力発電所は壊滅的な打撃を被った。非常用電源まで失った原子炉は炉心溶融、水素爆発を引き起こし、大量の放射能を放出し、周辺地域を居住不可能とした。科学技術の粋を結集したはずの巨大技術は、人間社会に利便さをもたらしてきた反面、人間が生活空間として開拓してきた文明地帯を野生動物の跋扈する原野に化した。文明は再び原始に、否、最も強い毒性を含んだ野蛮に立ち帰ろうとしている。人間はいつ文明を取り戻すことができるのか。この見通しはまだ立っていない。

原子炉の廃炉には40年がかかると言われている。１９８６年に起きたチェルノブイリの事故の処理はまだ終わっていない。福島の原子炉の後片付けが予定される２０５０年代まで生存している人がどれだけいるであろうか。第一経験者の大部分にとって、事故は終生終わることはないのである。その意味で、事故は永遠であると言わなければならない。

福島は終わらない。そうだとすれば、「福島以後」すなわちポスト・フクシマを語ることはそもそも可能なのであろうか。なるほど、事故を契機に世論は大きく変わった。開発の推進者であった者の中からも、安全性への過信が誤りであったことが告白され、安全性神話の虚構性が語られるようになった。そうした世論に同調し、脱原発を訴えることは、未処理の、否進行中の事故と並行して歩むことであり、決して事故終熄後の世界を生きることではない。焦眉の問題を見るかぎり、「ポスト・フクシマ」を語ることはありえないのである。

このことは、現代人が核エネルギーの開発に着手して以来巻き込まれることになった宿命の中で悶え続けていることを意味する。福島は決して始まりではない。また、初めてでもない。１９８６年のチェルノブイリ、79年のスリーマイル島、57年のウィンズケールでの事故、54年の第五福竜丸事件、と災害史を遡っていけば、45年の広島と長崎への原子爆弾投下に行き着く。原子爆弾と原子力発電、軍事利用と平和利用の間には厳重な一線があるように言われながら、両者のもたらす惨劇に大きな違いはないことも、今日大方認められるところとなっている。のみならず、原子炉を持つ国家は潜在的核保有国と見なされるということが、国際的な認識となっており、それによる抑止効果を政治家も口にする状況である。

そうであるとすれば、視点を福島に限ることなく、またポスト・フクシマを先取りするのでもなく、19世紀末核物質と核エネルギーが発見されて後、核の開発が人間と人間社会、そして、生態系、環境にいかなる影響を及ぼしてき、また生命感情にどのような変化をもたらしてきたか、を広い視野に立って考えることが必要であろう。とりわけ、日本国民の関心からすれば、広島から福島に至る時の流れを看過することはできない。通常兵器ではありえなかった大量の放射線被曝をめぐっては、広島・長崎に内外の注目が集まっていることも事実である。

福島の未来を考えようとすれば、そうした過去との対話がなされなければならない。そして、それは、医学医療の分野においてばかりでなく、核が人間精神にもたらす結果についてもなされなければならない。人間の生存条件の根底的破壊という極限状況の中で、人間精神はどこまで自己を保つことができるのか。もし哲学や宗教がそこで真価を問われるとすれば、何をなしうるのか。伝統的な思想はそこになお光明をもたらしうるのか。そうしたことが、哲学研究に携わっているわれわれの問うべきことではないか。

人類史上初めて使用された原爆は、半世紀を超えても人々の傷を癒させない。傷ついた人々にとってそれの持つ意味は何か。それは絶望と諦念と嘆きの対象でしかないのか。人間の精神はこの圧倒的な生命破壊装置に対してなお闘いを挑み、それを呑み込むだけの強靭さを示しうるのか。一体そうした装置が人類史に登場したことの意味は何か。国家の指導者たちは何ゆえにそうした開発を決定し、軍事・産業拠点を破壊するのみならず、老人や嬰児すらも無差別に抹殺し、生き延びようとする者に地獄の苦しみを負わせたのか。彼らの思惑と意図は何であったのか。彼らはもたらした結果に対してどのような責任を取ろうとしているのか。人々の傷が癒えていない現在、その結果が確定しているとすら言えない。この未決の事件に対しては、当事者に限らず、全人類が永続的にその意味を問い続けねばならないのではないのか。

こうした疑問が、私がロベルト・ユンク（１９１３—94）の『原子力帝国』（１９７７）[*3]と取り組むに至った背景にあった。勿論同書で取り上げられているのは、原爆ならぬ原発である。しかし、核エネルギーの軍事利用と平和利用の間に本質的な違いはないということは、わが国における被爆体験を踏まえれば自ずと感じられることではないだろうか。通常兵器と異なる原子爆弾の特質は、それが予測不可能・制御困難な放射線障害を惹き起こすという点にあるのであり、物質に宿っている核エネルギーを完全にコントロールすることができていない以上、原発ですら原爆と異ならない脅威を孕んでいるのである。そうした技術的問題に加えてユンクが指摘するのは、こうした危険な技術を国家社会が導入したとき、それはいかなる変質を被るのかという社会科学的な問題である。それは、さらに人間と人間精神のあり方への問いとなっていく。そして、生きること、生命の意味への問いをすら喚起するのである。そうした問いに哲学・思想は答えることができるのであろうか。伝統的な思想はそれと向き合う用意を持っているであろうか。ポスト福島、否、核の時代の哲学を構想しようとするならば、こうした問いを避けることはできないのである。

2　ホモ・アトミクス

ユンクが指摘し憂慮するのは、原子力という巨大技術を導入することによって、社会は自由や創造性を失い硬直した管理社会となるということである。民主主義の根幹が浸食され、全体主義的な傾向を持つ「原子力帝国」が出現するというのである。そうした憂慮の背景には、ユダヤ系ドイツ人であったユンクのファシズム体験と闘いがあったのだが、同時に原発は制御不可能な放射能の脅威を孕んでいるという洞察がある。この脅威のため、いかに「平和利用」を唱えようと、原子力国家は自国の市民を敵視する結果とならざるをえなくなる。平和利用に欠くことのできない視点は、安全性をいかに確保するかということであり、原子炉および放射性廃棄物からいかに市民を守るかにある。だが、この観点はたちまち顚倒し、議論は市民から原子力施設をいかに守るかという問題に変質する。市民こそは警戒すべき対象と見なされるようになるのである。それを促す要因には二つがある。

第一に、原発の事故の多くが人為的ミスによることである。そのため、人間のあらゆる弱点が監視され、事故に通じる懼れのあるすべての人間的要素が排除されねばならない。作業員の精神的・身体的適格条項が厳しく定められ、厳格な事前審査が行われるのみならず、採用後も監視と検査が恒常的に行われる。危険な作業にあえて従事しようとする者は社会的弱者でありがちであることも、これに拍車をかける。

第二に、原発はいっそう積極的な妨害・破壊行為の標的となりうる。核物質の持ち出しを含む原子力テロを防ぐために、恒常的な警戒態勢が敷かれる。武器の携帯を許された特殊な部隊が組織され、警察以上の権限が与えられる。そして、施設に近づく者だけでなく、一般市民に対しても監視体制が作り上げられる。社会全般の風潮がそれによって規定され、批判の自由と精神は失われ、人は与えられた指令を受け取り、機械的に反応するばかりの「ホモ・アトミクス」となり、そうした人間だけが容認される硬直した社会が現出する。

だが、そうすることによって原発の危険が消えるわけではない。かえって、新たな核物質の恒常的な生産によって平和利用は軍事利用に転換される可能性が増すのであり、その危険を知りながら進歩や繁栄を目指すことは危険と背中あわせの賭けとならざるをえない。

この賭けにはさまざまな学問が動員されるが、自由な討議や批判に基づく創造性のある研究は封じられ、科学そのものが権威主義的になっていく。仮説は実験を通して検証されることはなく、結果は理論的に計算された蓋然性に基づいて予測されるだけである。巨大技術としての原子力施設は全体としてテストされることはできず、安全性を確認した上で稼働するべきであるという開発の不文律は無効となる。稼働そのものが常に実験という意味を持つのである。

そして、研究は、積極的な成果を期待させる場合には評価・採用されるが、悲観的な結果を示唆するものは、不利な事実とともに隠蔽される。視点の自由な転換の余地は失われる。研究者は「事実の強制」の壁を前にして進むことを阻まれ、それを研究生命を左右する脅威と受け止めざるをえなくなる。

原子力開発は、人間による自然支配を可能にする科学技術の頂点に立つもののように見えながら、それに従事する研究者自身をも束縛し支配する。科学技術による自然支配は人間支配に通じている。人間科学もまた例外ではない。それは、社会と人間のあらゆる側面を知り尽くし、批判や抵抗の機先を制し、意志なくして働く機械の部品と同様、危険な装置が要求するままに働く人間、「ホモ・アトミクス」(homo atomicus) を作り出すことに寄与させられる。無感動で飽きることがなく注意力を失わず従順な人間が、信頼できるとされるのである。

原子力開発は、このような硬直した支配体系を生み出し、原子力「帝国」を出現させる。それは、一部のテクノクラートを僭主とする専制的国家である。だが、それは真の安全性を保障するものではないばかりか、内部の硬直化にかかわらず、全体は脆く不安定なものとなる。のみならず、自由や権利の制限、統制、抑圧にどこまで市民の忍耐心や適応力が順応できるかという不安も抱えており、「社会的自然の爆発」を恐れなければならなくなる。硬直した道の頂点は最大の破局に通じている、とユンクは警告するのである。

ユンクが「ホモ・アトミクス」と名づけた人間の変貌。それは、ホルクハイマー(1895—

１９７３）が『理性の腐蝕』（１９４７）[*4]において理性の主観化、形式化、道具化と呼んだ現象に酷似している。第二次大戦中ドイツからアメリカに亡命したフランクフルト学派の指導者ホルクハイマーは、アメリカ社会を観察しつつ、産業社会の根底にある「合理性」（rationality）の概念を分析し、それを支えているはずの理性（ratio）が生存の目的や価値を提示する能力を失い、個人が組み込まれている組織や機構の中で与えられる指示をただ受容し機械的に反応するだけの道具としての機能しか持ちえなくなっていることを洞察するのである。彼はそうした理性を「道具的理性」（die instrumentelle Vernunft）と呼び、世界の秩序と意味を語ることを使命としていたかつての理性、「客観的理性」の空洞化、形式化をそこに見る。

そこでは、カント（１７２４—１８０４）が認めていた理性の自律（Autonomie）に代わって、他律的な行動様式が常態化する。しかし、自由を放棄した他律的な生き方は内部的な抑圧を伴う。人間の内なる自然の率直な表現は禁圧され、その代償を人種、祖国、党派、伝統といったものとの一体感の中に求めようとする。そうしたものへの盲目的で非合理な信仰が大衆的行動を引きおこす。そして、全体主義的な社会の出現の温床となるのである。

ファシズムの分析と重なっていくホルクハイマーの論述は、単にアメリカ社会とドイツ社会に通底するものを抉り出すことにとどまらず、近代啓蒙主義、いな全文明史の宿命、「啓蒙の弁証法」[*5]（*die Dialektik der Aufklärung*）を明らかにするという意味を持っていた。理性によって自然を支配しようとする啓蒙主義は、却って、その下で抑圧されている「自然の反乱」を招くのである。

ホルクハイマーが第二次大戦直後（１９４７）に明らかにした洞察を、ユンクも『未来は既に始まった』（１９５２）[*6]において共にしていたと見なされる。ホルクハイマーは『理性の腐蝕』の冒頭で、「技術的知識が人間の思惟や活動の地平を拡大するにつれ、個人としての人間の自律性、巨大化する大衆操作の装置に抵抗する能力、想像力、独立的判断力は衰えていくように見える」（同、６頁）と記したのであった。ひとり、原子力開発にとどまらず、全文明史の視野において、ホルクハイマーはユンクと同じ憂慮を抱いていたと言えよう。

3　苦難と罪責

原子力の導入によって、国家社会は硬直したものとなり、人間は物言わぬロボットに変身する。ユンクの悲観的な未来予測は相次ぐ原子力災害によって裏づけられ、いったん過酷事故が起こるならば、核兵器の使用に劣らない環境汚染と健康被害をもたらすことを示している。アメリカの心理学者ロバート・Ｊ・リフトン（１９２６—）は、それが人間の生と死の意味への根底的な問いを孕んでいることを明らかにした。彼は、『死の内の生命』[*7]において言う。この巨大技術の時代に、人間は「グロテスクなまでに不条理な死を発明することができた」。「自己の技術を通じて、意味のあるものをまったく無意味なものにすることができたのである。そしてまた自ら発明した不条理な死を、われわれすべてに影のごとく付きまとう隠れた運命にも似た何かにまでしてしまったのである」（同、５０１―２頁）。こうした無意味な死に直面してはただ人類の滅亡だけが予感される。広島はこの意味で「世界の終末」であった。

現代になお英知が可能だとすれば、「際限を知らぬ技術の暴力と不条理な死」に対して、「生命の存続に奉仕するために、技術のみならず想像力そのものを馴致できるような、新しい形の精神、新しい形の社会を創造してゆく」ことを課題としなければならない、とリフトンは言う（同、５０２頁）。ユンクは、「原子力帝国」の硬直した道に対して、困難であることを認めながらも、環境を破壊しない「柔軟な道」を提唱する。「硬直した道」が抑圧、自然破壊、疎外、冷淡、孤立、敵対を生じるのに対し、それは市民の健康を守り回復する道であるとともに、自由を求め、信頼と連帯を取り戻そうとするものである。

広島、長崎の経験は、核兵器が人間の絆を断ち切り、人々をバラバラなアトムに変えることを示した。それは、人々の横のつながりを寸断したばかりではない。子孫に継承されてゆく生命の連続性を断ち切り、未来の次元を奪い取った。未来に向けて生きるという人間存在の時間構造を損ない、人間の精神を畸形化した。リフトンは広島の被爆者の精神分析を行うことによって、被爆者のうちに深い苦悩とともに癒しがたい罪の意識が宿っていることを明らかにした。[*8] 苦悩が罪の意識に転化しなければならないとすれば、人間がバラバラなアトムと化しただけでなく、その内面に亀裂が生じ、アトムそのものが内部分裂していることを物語る。リフトンは、極限状況に置かれた人間の複雑な内部矛盾と分裂をそこに見るのである。

道徳論的に言えば、それは人間の道義性（道徳的意識）と利己心の葛藤であると言えよう。生死の境に立たされて、「人々はそれぞれに生き延びることを考えねばならず、他人のことまで考えている余裕はなかった」（同、8頁）。そこから、助けるべきものを助けなかった、あるいは助けえなかった、という結果が生まれる。そして、それは後に深い後悔となり、罪の意識として沈澱するのである。

それは、本能的な自己保存、自己防衛本能の現れであると言えるかもしれないが、意識的・無意識的な「心理的締め出し」、情緒や感覚の麻痺という形を取ることもある、とリフトンは言う（同、26頁）。だが、そうした自己防衛は必ずしも長続きせず成功もしなかった。麻痺状態が持続するならば、虚脱感、絶望感を生むし、更には「内からの衝撃」によって崩れ去る。心理的締め出しによって自己を守ったことが、羞恥心、罪意識を惹起する。「被爆者は早くから自分たちだけが生き残ったことに対して罪意識を持ち、それを正当化しなければならない気持ちに襲われる」（同、30頁）のである。「自分は助けられたのに他人は助けられなかった。他人の犠牲において自分が助かった」（同、31頁）という後ろめたさ、「原子爆弾について無知であったがために、他人を過酷に扱い死に至らしめた」という悔い、あるいは自分の些細な不注意や選択、決断の誤りが他人の死を招いたという思いとして罪の意識は表明される。死者との結びつきが強ければ強いほど、その意識は大きくなる。

かかる罪意識は、人間が内にエゴイズムを宿しておりながら、同時に他者と深く関わっており、他者を欠いては生きることができないという二重性を示している。峠三吉の詩の一節「わたしをかえせ、わたしにつながるにんげんをかえせ」は、人間の共存在の回復を強く求めているものにほかならない[*9]。

原子爆弾は人間の利己性を露呈させたが、また人間が他者との絆なくしては生きられないことも明らかにした。それは、人間が他者に対して責任を負っているということであろう。この両面が乖離し相容れなくなった時に、負い目と罪の意識が生じるのだと言えまいか。だが、その両面を両立させることは難しい。人間はそのいずれかを犠牲にすることなしには生きられない。人間はその意味で不完全で欠如した存在である。すなわち、負い目を持った存在〈Schuldigsein〉である。西田幾多郎は論文「私と汝」（１９３２）[*10]においてこの問題に触れている。

> 道徳的には我々は有限なる自己の中に無限の當為を藏することによって人格と考へられ、宗教的には罪の意識なくして人格といふものは考へられないと云われる。併し我々の人格的自己は何故に斯く考へられねばならぬのであろうか。それは我々の自己自身の底に絶對の他を藏するといふことを意味するに外ならない。自己自身の底に藏する絶對の他と考へられるものが絶對の汝とい

ふ意義を有するが故に、我々は自己の底に無限の責任を感じ、自己の存在そのものが罪悪と考へられなければならない。我々はいつも自己自身の底に深い不安と恐怖とを藏し、自己意識が明となればなるほど、自己自身の罪を感ずるのである。

人間の罪の意識は、ユダヤ教・キリスト教の聖典、『旧約聖書』の「創世記」[*11]に記されている。創造の6日目に神はアダムとイブを創り、エデンの園に住まわせた。神はあらゆる物の支配を人に許したが、園の中央にある「善悪の知識の木」と「命の木」の果実を食べてはならないと命じた。「食べると死んでしまう」からという理由によってである。人間はここで初めて禁止条項を示され、してよいこととしてはならないことの区別を教えられるのである。だが、それは「死んではいけないから」という条件つきのものであった。カントの分類によれば、それは断言命法ではなく仮言命法であった。[*12]仮言命法は、条件部分が否定されれば、効力を失う。「死んではいけないから、食べてはいけない」という命令は、「食べても死なないならば、食べて構わない」という抜け道を与える。この点に目を付けたのが、蛇であった。蛇はイブに「食べても決して死ぬことはない、それを食べると目が開け、神のように善悪を知るものとなることを神はご存じなのだ」と唆す。イブはその言葉につられ、果実に手を付ける。そして、死ぬどころかいとも美味であることを知り、アダムにも手渡すのである。これが、神の命令に背いて人間が犯した最初の罪であるとされている。そして、二人の目は開け、自分たちの姿に気づく。夕刻神が園の中央に歩んできたとき、アダムは木の蔭に身を隠す。神の呼びかけに、アダムは「あなたの足音が聞こえたので恐ろしくなり、隠れています。私は裸ですから」と答える。神は二人が禁を破ったことを察知し、彼らをエデンの園から追放し、彼らとともに蛇に対して永劫の罰を下す。

よく知られているこの原罪譚を読み返すとき、人間ばかりでなく神にも落ち度がありはしなかったかという疑問が湧く。神が与えたのは、右の通り仮言命法であり、しかも虚偽の仮定を含む命令であった。蛇の知恵からすれば、それは決して絶対的な命令ではない。そこにあるのは、神と人との緩い関係であり、疎隔の可能性を宿した関係である。神が人を罰するのであれば、人は神の不実を詰ることもできたかもしれない。そして、神への反抗的態度は、その子に受け継がれていく。*[13] アダムの長子カインと次子アベルは、長じて土を耕す者と羊を飼う者となる。或る日二人がそれぞれの収穫物を神に捧げようとしたとき、神はカインのものには目をやらず、アダムのものにだけ眼を向ける。カインが怒って顔を伏せると、神はカインを責め、罪が待ち受けていることを警告する。カインは罪に打ち勝つことができず、野に出たときにアベルを撃ち殺して、土に埋める。そして、神がアベルの行方を尋ねると、「知りません。私はアベルの番人でしょうか」と答えるのである。

神の理由不明な差別への怒り、弟アベルに対する妬み、殺意、これらはカインの自己愛と利己心に発するものと言えよう。そして、カインはその行為を神の前で秘匿し無実を装うのである。これは、アダムとイブが神の眼を避けようとした態度と異ならない。聖書は、神に対する人間の自己隠蔽を最大の罪と説いているように見える。

それは、神が自分に対して最も忠実だと見なしている者においても起こりうる。「ヨブ記」[*14]は、人間が甚だしい苦難の中で世に対する呪いと神への憾みを抱くようになる様を記している。神が誇りとする忠実な僕ヨブの自己愛と利己心を暴露すべく、サタンは神に提案して、計略を用い、数々の災厄をヨブの身に降りかからせる。彼の家族と財産を、そして彼の身体を次々と損なうのである。ヨブは「私たちは神から幸福を頂いたのだから、不幸も頂こうではないか」（「ヨブ記」2・10）と妻に語り、自己の無私性を示す。しかし、友人たちが見舞いに来ると、嘆きの言葉を口にし、自分の出生を呪い、死を願望するようになる。世は悪人の栄える顚倒した世界のように見え、神の眼すら煩わしいものと感じられる。そして、正義をめぐって神と対決しようとすらするのである。「私の手には不法もなく、私の祈りは清かったのに、神は悪を行う者に私を渡し、神に逆らう者の手に任せられた」（同16・11、17）と主張する。だが、友人エリフは、そこにこそヨブの過ちがあると諫める。それこそは、水に代えて嘲りで喉を潤し、悪を行う者に与し、神に逆らう者とともに歩むことにつながる。「警戒せよ、悪い行いに顔を向けないように。苦悩によって試されているのはまさにこのためなのだ」（同、36・21）。苦悩とは、絶望するか希望を保ち続けるか、悪に向かうか正義を求めるかの岐路であり、人を試す試練なのである。ヨブは自己の正しさを確信するあまり、世を邪悪なものと見なし神への信頼を失いかけている点で、この試練に破れつつあることになる。

これに対して、神は嵐の中から声をかけ、自分の絶大な権能を示し、ヨブの無力さを自覚させる。それによって、ヨブは終に自らの不遜さと傲慢さを認め、改めて自己を無にし悔い改める。神は、これによって以前にも増してヨブに祝福を与える。

ここには命への執着心とひき換えに人を従わせようとする神とは違い、人間の内面に徹底的にメスを入れ、その自己愛を抉り出そうとする追及の厳しさがある。これに対して、人間は完全な自己無化によって応えなければならなかったのである。

4　問われる生

ヨブの破滅願望の中には、リフトンが「心理的締め出し」と呼んだものが含まれていよう。世から隔絶され光も神の眼差しも届かない冥府こそは、安息と憩いの地と見えており、ヨブはそこに赴こうとしているのである。『夜と霧』[*15]の著者フランクル（１９０５―１９９７）は、強制収容所の囚人たちが最初の「収容ショック」と名づけられる段階から「内面的死滅」と言うべき「無感動、無感覚、感情の麻痺」に陥っていく様を記録している（同、１０１頁）。これは襲いかかる暴力に対して自己を守るために最も必要な心理的装いであった。直接的な生命維持にのみ集中し、排他的な関心に役立たないものは徹底的に無価値なものにするということは原始的な衝動性と言うべきものであるが、しかし、それは人間の生活の退化に他ならない。苦難の中での人間の状況をめぐって、広島とアウシュヴィッツを結びつける論者は少なくない。ユンクもまた、迫害されたユダヤ人の視点から広島と核の開発を捉えたのであった。

収容所の囚人たちが置かれた環境は、「人間を専ら根絶政策の強制的対象とし、その最終目的の前に身体的な労働能力を徹底的に搾取する政策をとる環境」（同、142頁）であった。その中で、囚人たちは自らの人格の価値低下を経験する。それは、主体であるという感情、内的な自由の喪失感を伴っていた。フランクルはそれを「内的崩壊現象」と呼び、その存在様式を現実的な意味を見出すことのできない「仮の存在」と名づける。しかもそれは期限なく終わりのない仮の状態にほかならない（同、172頁）。

それは、人間が未来を喪失し、目的に向かって生きることができないということを意味する。そうした中で内的理想があるとすれば、過去に求められるほかはなく、過去の回顧が囚人たちの内面的傾向となっていく。だが、それは、倫理的な昂揚を伴わない場合には、自己放棄、自己崩壊に通じることになる。自分自身の未来を信じることのできない者は滅亡していった、とフランクルは記している。それを食い止めるには、未来の何かに向かって囚人たちを緊張させる必要がある。それは、生きることの〈なぜ〉を、生活目的を意識させることにほかならない。人と人のつながりを断ち切り、人間の未来を奪い、内的生活を崩壊させ、生命感情を枯渇させるということが、広島、長崎で起こっていたとすれば、右の課題はこれらの地にも通じる課題にほかならない。

フランクルは、そうした状況への抵抗の片鱗を、政治的、宗教的関心、愛、芸術や自然の体験の中に見出している。そして、人間の自由と環境の強制力の関係を考察する。「一体人間はその身体的性質、性格学的素質、社会学的状況の偶然的な結果にほかならないのか」、「与えられた環境条件に対する態度の精神的自由、行動の精神的自由は存在しないのか」、と彼は問う（同、１６２頁）。それは、カントにおける必然性と自由の対立に帰着する問いである。それが、死の威嚇を伴う強制のもとで、強制されるがままになすのか、別の行為をなすのかという命がけの選択の問題として問われるのである。換言すれば、それは人間からその最も固有のもの——内的自由——を奪い、自由と尊厳を放棄させて外的条件の単なる玩弄物とし、典型的な収容所囚人に鋳直そうとする環境の力に陥るか陥らないか、という問いである。

フランクルはこの問いに対し、一見絶対的な強制状態のもとでも、精神的自由、少なくとも環境に対して態度を取るという自我の自由は存続したとし、与えられた事態にある態度を取る人間の最後の自由を奪うことはできないという観察結果を示す。囚人の心理的反応様式は、身体的、心理的、社会的条件の単なる表現以上のものであり、内的決断の結果にほかならない。人間は、いかなる状態においても、自分から何が精神的な意味において出てくるかを問うことができる。それは苦難を人間として引き受け、その中から一つの業績を作り出すことである。「私は私の苦悩に相応しくなくなることだけを恐れた」というドストエフスキーの言葉を想起しつつ、正しい苦悩は一つの業績であるとフランクルは言う（同、167頁）。

苦難こそは、倫理的に高い価値の行為と可能性と機会を提供するものであって、その中で内的な業績を作り出すかどうかが問われる。そして、生命の最後の時まで、生命を有意義に形づくる豊かな可能性が開かれている。その意味で、苦難もまた一つの意義を持つ。そして、人間は生命を有意義に形づくる使命を持つ、と考えられる。そこに、期限なき仮の状態、目的の喪失という閉塞状況から脱出する道が示されている。それは、「私はもはや人生から期待すべき何も持たない」と失意の言葉を語るのではなく、「人生は私から何を期待しているのか」と問うことである（同、183頁）。ここでは、我々が人生の意味を尋ねるのではなく、自らが問い訊ねられている者として体験される。人生は我々に毎日毎時問いを出し、我々はその問いに正しい行為によって応答しなければならない。それは、責任を担うということである。人間は責めを負った存在、問われている存在として認識される。

5　神なき時代の生

では、問いはどこから来るのか。責任と課題は何に発するのか。フランクルの思想の前提には、他者の存在がある。人生におけるあるものが未来において彼らを待っており、あることを期待している、と彼は言う。それは他者の眼差しが、彼らに向けられているということである。「この困難な時とまた近づきつつある最後の時にわれわれ各自を誰かが求める眼差しで見下ろしているのだ。……一人の友、一人の妻、一人の生者、一人の死者……そして一つの神が」（同、191頁）。「他者」とは生者に限られず、死者をも含み、そしてその最奥に神が存することになっている。いかなる犠牲であれ、それが意味を持つことを教えるのは、究極的には宗教であり、神であるということになる。

だが、現代においていっそう深刻な問題は、神の眼差しどころか、神の死が口にされているということである。それとともに、他者も遠ざかった感がある。神の眼は、アダムとイブが木の間に身を隠し、カインが自分の所業を偽った時から、人間には煩わしいものとなり始めていた。神の不在は、人間が神を避けようとしたことに起因する。そして、それは人間を不毛の土地に投げ出し、生あるものから遠ざけるという結果をもたらしたのである。神を避けるということは、他者一般を失うということを意味する。それは、カントの言葉で言えば、自己愛のために普遍性、公共的精神を失うことにほかならない。それが罪とされてきたものの核心である。

こうした罪の歴史の頂点にあるものが、「神の死」である。重要なことは、神の死が人間による神の殺害によってもたらされたということである。ニーチェ（1844―1900）は、『悦ばしき知識』（1881―2、1887）[*16]において、真昼間に提灯を下げて市場を駆け回る一人の狂人に告白させている。神の殺害とは、海の水を飲み干すこと、地平線を残らず拭い去ること、地球を太陽から切り離すこととして説明されている。それは、人間が地球を神の手から奪い取り、欲望のままにそのすべての富を手中にし、全地球の支配者として意のままにこれを操縦しようとすることであると解される。「知は力である」（F・ベーコン〈1561―1626〉）と唱えて立ち上がった近代的人間の到達点がここに示されている。[*17]

だが、そうした人間の地球支配は目標も方向も見いだしえない。人間は虚無の空間に身を置いたのであり、パスカルの言うように永遠に沈黙した無限の空間に理由なく佇んでいるのである。[*18]世界がこれまで崇め続けてきた最も神聖なもの、最も強力なものが死んだ後には一切の価値体系は崩壊する。寂寞とした虚空、冷たく深い夜の中で人間はもはや自分を慰める術を知らない。自らのなしたことに耐え、その結果を引き受けるほかはない。それができるためには、人間は変貌し、自ら神々とならなければならない。人間は超えて行かれ、「超人」とならねばならない。

『悦ばしき知識』に続いて、ニーチェは『ツァラトゥストラかく語りき』（１８８３―５）[*19]を著す。その中で、彼は神の殺害の実行者を「最も醜い人間」として紹介し、殺害の動機を語らせる。それは神の監視への復讐であり、目撃者への報復であった。まさしく神の眼の拒絶、それがこの行為の動機であった。それは、ヨブの憾みに通じるところがある。だが、ヨブの自死の願望に代わって、この人間は神の抹殺を図ったのである。しかし、それは、慰める者も同情する者も望みえない行為であった。「かれ（＝神）は一切を見た目で見たのだ。人間の底と奥を見たのだ。人間の隠された汚辱と醜悪のすべてを見た。かれの同情は羞恥を知らなかった。かれは私の最もきたない心のすみずみまでもぐりこんだ。この最も好奇心の強い者、この過度に厚顔な、過度に同情的な者を、私は活かしておくことはできなかったのだ」（同、３７５頁）という告白は、まさに、人間の汚辱と醜悪さを隠し庇うために殺害がなされたことを物語っている。それによって、殺害者は「最も醜い人間」となるのである。その最高の醜さを慰める者など存在しえず、その大それた行為に同情する者もまたありえないのである。ツァラトゥストラはそこに人間の孤独と哀れさ、醜さと喘ぎ、隠された羞恥心を見、自己愛と自己蔑視を認める。

だが、ツァラトゥストラはこの自己蔑視を高さの一つであるとする。それは人間をより以上のものとするものだからである。「人間はなんと言っても乗り越えられねばならぬものなのだ」（同、３７６頁）。それは、神なき時代になお生き続けねばならないという宿命のあることを意味する。

そこに立ってみれば、そもそもおのれを乗り越えること、それが生の常なるあり方であったことが分かる。生とは、より高いものを目指し生み出そうとする創造活動である。それは、不断に物事の価値を測り評価することと不可分である。人間は評価する者であり、価値の根源である。もとより、価値と価値の間には相克があり闘いがある。生はこの対立を原動力として高みを目指す。それに必要なものは、勇気である。何よりも、それは最も人間的なものを克服するために必要である。苦痛、深淵を前にしての目眩、苦悩への同情、死をすら征服しなければならない。見ることは深淵を見ることであり、目眩、苦悩と同情の源である。これらを征服するためには、見ること、感覚をすら征服しなければならない。

それを超えたところに「本来のおのれ（自己）」が見出される（同、90頁）。それこそが、見、聞きかつ訊ね、比較し制圧し、占領し、破壊し支配するのである。この本来のおのれを知ることを目標としなければならない。それを探り当てることは、円環を描いて家郷に帰ってくることである（同、162、236頁）。そうすれば、一切の行動はそれの発露であると自覚される。そして、偶然という観念は消え、私に起こる一切の出来事は私自身の所業であり、私自身の所有であると言うことができる。そこに自由と呼ぶことのできる境地がある。人はこの自由と自己を保持すべく、高い意味の自愛を持たなければならない。そのようにして創造はなされるのである。創造する者とは、人間の目的を打ち立て大地に意味と未来を与える者である。この者によって初めて、善と悪とが創造されるのである。

この者においては、過去はもはや桎梏ではない。私が純粋な創造的意志によって欲し為したということしかないからである。それは過去を全面的に摂取し、救済することを含む。「人間における過ぎ去ったことを救済し、いっさいの〈そうであった〉を創り変えて、ついに意志をして〈しかし、かつてそうであったのは、わたしがそれを欲したのだ、また、これからもそうであることを、わたしは欲するだろう――〉と言うに至らしめることを、教えたのだ――このことをわたしはかれらに向かって救済という名で説いた」、とツァラトゥストラは言う（同、２９３―4頁）。それは過去を未来に向けて投企することでもある。「創造する意志は、……〈私はそれがそうであったことを今も欲しており、これからも欲するだろう〉と言うのだ」（同、２２５頁）。

それによって、時は同じものの繰り返しによって満たされる。そこに永劫回帰の思想が成立する。それは永遠の往還、生死、破壊と再建、別離と再会の繰り返しである。どの時、どの一点もが同一であり、始まりであり中心である。同じことが永遠に回帰するのである。

この永劫回帰の思想を体得するならば、魂はもはや何事にも偏せず、囚われず、正反対の極を行き来することができる。「自分自身のうちに最も広い領域を持っていて、そのなかで最も長い距離を走り、迷い、さまようことのできる魂。最も必然的な魂でありながら、興じ楽しむ気持ちから偶然のなかへ飛び込む魂。――存在を確保した魂でありながら、生成の河流のなかへくぐり入る魂。――所有する魂でありながら、意欲と願望のなかへ飛び入ろうとする魂。自分自身から逃げ出しながら、しかも最も大きい弧を描いて自分自身に追いつく魂。――最も賢い魂でありながら、物狂いのあまい誘惑に耳を貸す魂。――自分自身を最も愛する魂でありながら、そのなかで万物が、流れ行き、流れ帰り、干潮と満潮をくりかえすような魂」となる。こうした最高の魂は最悪の寄生虫をすら宿す、とツァラトゥストラは言う（同、306頁）。

すべてを肯定する者にとっては、対立するもののうち何一つ欠くわけにはいかない。すべては鎖、糸、愛によってつながれているのである。このように、ニーチェは、ツァラトゥストラの言葉を通して生の悲劇性を凝視しながら、一切の対立を超越し、とはいえその中で遊戯する魂の境地を開拓するのである。それは、ヘーゲルの弁証法と対立をうちに宿す「精神」（Geist）の思想に通ずるものがある。ニーチェは幸福のみならず痛苦をも愛する愛を以て世界を肯定した。そうした世界への愛が神なき時代の生のあり方であることを示したのである。その愛はもはや人間の愛ではなく、超人間的―神的な愛であると言わねばならないかもしれない。また、そこに違和感を覚える人もいるかもしれない。だが、リフトンの言ったように、「際限のない破壊力を持つ兵器の災害を生き延びて生存者の英知を獲得できるとは、もはや期待できない」というペシミズムに対して、「生命の存続に奉仕するために、技術のみならず想像力そのものを馴致できるような新しい形の精神、新しい形の社会を創造してゆくこと」（リフトン）を課題としようとすれば、ニーチェの「最高の魂」と対決することは避けえないということも確かである。

6　心の開拓

　アジア文化圏においては、ユダヤ教、キリスト教におけるような強力な唯一神の観念は稀薄である。従って、そうした神の死として語られるニヒリズムも実感を伴っては理解されにくい。禅宗が「無」を説くことによって、異文化圏からニヒリズムの指摘を受けるといったほどのものである。だが、キリスト教の愛やニーチェの世界への愛に相当するものがないわけではない。とりわけ、最大の対立極の間を振幅しながら自己を失うことのない広大無辺の心を東洋人はかなり早くから育んできた。

　唐の鑑智僧璨（さん）禅師（？―６０６）は、「至道無難、唯嫌揀択」（至極の大道は難しいことではない。ただ選り好みを嫌うだけである）と説いた。我執と我欲によって物事を対立的差別的に見た上で、一方に偏することを避けなければならない。「但無憎愛、洞然明白」（愛憎によって選り好みをしなければ、すべてを明白に見透すことができる）、「毫釐有差、天地懸隔」（僅かでも差別があれば天地は遙かに隔たる）と言う（『信心銘』*20）。

　しかし、差別の見地を斥けることは、何の区別もない無差別、対立に対立する非対立の立場に立つことではない。なるほど一は二に先行し、二は一によってある（「二由一有」）。しかし、一を絶対視し、二を貶めてはならない。二を捨て、一だけを取ることも正しくはない。「一亦莫守」（一もまた守るなかれ）。「一空同両」（一に実体性はなく、両に同じである）。「斉含万象」（ひとしく万象を含む）。一は二を宿し、万象を含んで一なのである。

万象を宿す一、それはヘーゲルが「悪無限」に対して「真無限」として語ったものと同じ概念であろう。[*21] まさしく、万象と関わりを持ちながら、それらを偏りなく平等に見、包容する態度が勧められていると言うことができる。それによって、心は三千世界を包む絶大な心となる。黄檗希運（おうばくきうん）（?―850）は『伝心法要』[*22]の中で、「山河大地、日月星辰、総不出汝心、三千世界、都来是汝箇自己」（山、河、大地、日、月、星はすべて、汝の心の外にあるのではない。三千世界はすべて汝の自己に他ならない）と説いた。心、自己の外のどこに多数のものがあるというのか（「何処有許多般」）と言うのである。

わが国の僧明庵栄西（1141―1215）は言う。「大いなるかな、心や。天の高き極むべからず、しかも心は天の上に出づ。地の厚きは測るべからず、しかも心は地の下に出づ、日月の光は踰ゆべからず、しかも心は日月光明の表に出づ、大千沙界は窮むべからず、しかも心は大千沙界の外に出づ」と記した（『興禅護国論』[*23]）。

要は、こうした心を開拓することである。道元（1200―1253）は、「仏道をならふといふは自己をならふ也」と言った（『正法眼蔵』[*24]）。だが、「自己をならふといふは、自己をわするるなり」と言う。自己への囚われ、我執を捨てて無心となったとき、森羅万象が入り来たり、自己を照らし出すと言うのである。「自己をわするるといふは、万法に証せらるる也。万法に証せらるるといふは、自己の身心および他己の身心をして脱落せしむるなり」（同、２頁）。こうして、万法によって自己が証されることが、悟りであるとされる。

だが、悟りであると言っても、迷いや生死がないわけではない。「諸法の仏法なる時節、すなわち迷悟あり、修行あり、生あり、死あり、諸仏あり衆生あり」（同、１頁）と言う。だが、「万法ともにわれにあらざる時節、まどひなくさとりなく、諸仏なく、衆生なく、生なく滅なし」（同）とも言う。「生死あり」、「生滅なし」という二律背反の意味することとは、まさに対立を包摂しながら、それを超えたところに絶大の心はあるということであろう。しかも、それは情を断ち、非情さに徹するものではない。「華は哀惜にちり、草は棄嫌におふるのみなり」（同）。そこに生まれるのが慈悲というものであろう。対立や差別を離れ、物事をあるがままに見るとき、それらへの憐れみと慈しみが湧き出る。そして、それに基づく実践が始まるのである。

そこには、我々の目を西方に向けさせる契機があるように思われる。熱烈なキリスト教徒迫害者であったパウロは、ある時、信徒たちの隠れ家を襲うべく、ダマスコに赴く途上で天光を見て失明して顚倒し、暗闇の中でキリストの声を聞く（「使徒行伝*[25]」）。そして後に、「生きているのはもはや私ではなく、キリストが私の中で生きておられるのである」と告白し（「ガラテヤの信徒への手紙*[26]」）、「洗礼によってキリストとともに葬られ、その死にあずかる。それは、キリストが御父の栄光によって死者の中から復活させられたように、わたしたちも新しい命に生きるためである。もし、わたしたちがキリストと一体となってその死の姿にあやかるならば、その復活の姿にもあやかれるであろう」と語るようになる（「ローマの信徒への手紙」）。[*27]「死して生きる」というこの思想には、「自己をわするる」こと＝我の死を通して「万象に証せらる」という境地に達する道元の教えと重なるものがありはすまいか。そこに、超越的な唯一神を想定するか否かに関わりなく、東西思想を貫く水脈が見出されるように思われる。ニーチェの超人においては、神が不在であっても世界への愛はなお可能であった。それは、人間の絆を断ち個人の魂を分裂させずにおかない核の時代の危機的状況に対して、それを乗り越えるための一筋の道を示唆していると思われるのである。

［註］

＊1　G. W. F. Hegel, *Differenz des Fichte'schen und des Schelling'schen Systems der Philosophie in Beziehung auf Reinhold's Beyträge zur leichtern Übersicht des Zustands der Philosophie zu Anfang des neunzehnten Jahrhunderts, 1stes Heft*, Jena 1801, in: G. W. F. Hegel, *Gesammelte Werke*, 4, Hamburg 1968, S.12.〔G・W・F・ヘーゲル『理性の復権』山口祐弘他訳、批評社、１９９５年〕。

＊2　G. W. F. Hegel, *Phänomenologie des Geistes*, Bamberg /Würzburg 1807, in: G.W.9, 1980, S.27.〔ヘーゲル『精神現象学』樫山欽四郎訳、世界の第思想12、河出書房、１９６７年、31頁〕。

＊3　R. Jungk, *Der Atom-Staat*, München 1977.〔R・ユンク『原子力帝国』山口祐弘訳、日本経済評論社、２０１５年、14頁〕。

＊4　M. Horkheimer, *Eclipse of Reason*, New York 1947.〔M・ホルクハイマー『理性の腐蝕』山口祐弘訳、せりか書房、１９８７年〕。

＊5　M. Horkheimer, Th. W. Adorno, *Die Dialektik der Aufklärung*, Amsterdam 1947.〔M・ホルクハイマー、T・W・アドルノ『啓蒙の弁証法―哲学的断想』徳永恂訳、岩波書店、２００７年〕。

＊6　R. Jungk, *Die Zukunft hat schon begonnen, Entmenschlichung-Gefahr unserer Zivilisation*, Bern/Stuttgart 1952.〔R・ユンク『未来は既に始まった』菊盛英夫訳、文藝春秋新社、１９５４年〕。

＊7　R. J. Lifton, *The Death in Life, the Survivors in Hiroshima*, New York 1967, p.541.〔ロバート・J・リフトン『死の内の生命――ヒロシマの生存者』湯浅信之・越智道雄・松田誠思訳、朝日新聞社、１９７１年、５０１～2頁〕。Vgl. R. J. Lifton, *The Life of the Self toward a new psychology*, London 1976.〔R・J・リフトン『現代（いま）、死にふれて生きる――精神分析から自己形成パラダイムへ』渡辺牧、水野節夫訳、有信堂高文社、１９８９年〕。

＊8　*The Death in Life*, p.35.〔『死の内の生命』30頁〕。

＊9　峠三吉『原爆詩集』日本ブックエース、２０１０年、７―８頁。

＊10　西田幾多郎「私と汝」１９３２年、西田幾多郎全集、第６巻、岩波書店、１９８８年、４１９―４２０頁。

＊11　『旧約聖書』「創世記」３・２―24、新共同訳、日本聖書協会、２０１４年。

＊12　I. Kant, *Kritik der praktischen Vernunft*, Riga 1788, 1790, A37, in: *Immanuel Kant Werkausgabe* VII, Frankfurt a.M., 1974, S.126.〔カント『実践理性批判』深作守文訳、カント全集、第7巻、理想社、１９６５年、１５９頁〕。

＊13　『旧約聖書』「創世記」４・１―９。

*14 『旧約聖書』「ヨブ記」1—42。

*15 V. Frankl, *Trotzdem Ja zum Leben sagen*, Wien 1946.〔V・フランクル『夜と霧』霜山徳爾訳、みすず書房、1998年〕。

*16 F. Nietzsche, *Die fröhliche Wissenschaft*, 1881/2, 1887, KSA.3, Berlin/New York 1988.〔F・ニーチェ『悦ばしき知識』信太正三訳、第125節、ニーチェ全集、第8巻、理想社、1968年、187—9頁〕。

*17 F. Bacon, *Novum Organum*, ed., Thomas Fowler, Oxford, 1889.〔『ベーコン　ノヴム・オルガヌム』服部英次郎訳、世界の大思想6、河出書房、1966年、231頁〕。

*18 B. Pascal, *Pensées*, Paris, 1962. Fr.201(206).〔B・パスカル『パンセ』松浪信三郎訳、第三編、206、世界の大思想8、河出書房、1966年、104頁〕。

*19 F. Nietzsche, *Also sprach Zarathustra*, 1883-5, KSA.4, Berlin/New York 1988, 327-332.〔手塚富雄訳『ツァラトゥストラ』世界の名著46、中央公論社、1966年、163、370—376頁〕。

*20 鑑智僧璨『信心銘』『講座　禅』第6巻、筑摩書房、1968年、34頁。

*21 G. W. F. Hegel, *Wissenschaft der Logik*, I/1, 1832, in: *Gesammelte Werke*, 21, 1985, S.124ff.〔G・W・F・ヘーゲル『ヘーゲル　論理の学I』山口祐弘訳、作品社、2012年、133頁以下〕。

*22 黄檗希運『伝心法要』『講座　禅』前掲書、147頁。

*23 栄西『興禅護国論』『講座　禅』前掲書、262頁。

*24 道元『正法眼蔵』「現成公案」1235年、中村宗一『全訳 正法眼蔵、巻一』誠信書房、1992年。

*25 『新約聖書』「使徒行伝」9・1—19。

*26 同「ガラテヤの信徒への手紙」2・19—20。

*27 同「ローマの信徒への手紙」6・4—5。

Ⅱ　核時代の倫理

第4章

ぼくら、アトムの子どもたち 1962〜1992〜2011

加藤和哉

本章は、「ポスト福島の哲学」という共通の標題のもとで何かを語ろうとする試論である。あるいはむしろ「私論」、つまり個人的な話とでも言ったほうがよいかもしれない。それというのも私には、この標題のもとで何か純粋に理論的な一般論を語ることは不適当であるように思われるからだ。本来、哲学は一般論を語ることを得意としている。哲学が扱う真理とは、特定の場所や時間にだけ、また特定の人間にとってだけ意味のあるものではなく、いつどこでも誰にとっても成り立つものでなければならないと考えられている。学生に指導をするときには「私」という一人称は使うな、個人的体験を語るなと口をすっぱくして言うほどである。しかし、この場合は、そういう「いつどこでも誰にとっても」同じような話をすべきではないと思われるのだ。

そのように考える理由は「ポスト福島の哲学」という標題にある。「ポスト福島」、つまり「福島の後の」哲学というのは何を意味しうるのか。この「福島」とは、東日本大震災に伴って生じた福島第一原子力発電所の事故のことを象徴的に表現しているものであろう。「ポスト福島の哲学」という標題は、ほかならぬ「福島」という特定の場所との関わり（近さにせよ、隔たりにせよ）において、そして「福島原発の事故後」[*1]という特定の時において、哲学は何をいかに語るべきなのかという問いを突きつけるものであった。以下の論稿は、その問いに対していま自分に語りうることを語ろうとするものである。[*2]

出発点としては、「ポスト福島の哲学」という規定がどのような語り方を要求すると思われるのかを考察したい。その上で、その語り方において語りうること、語るべきことを述べることにしたい。

1　「ポスト福島の哲学」の語り方

「ポスト福島の哲学」はどのように語られるべきなのか。その語り方は次のようないくつかの特徴を持つものになると思われる。

1 当事者として語る

哲学に限らないが、学問研究とは、個人としての立場を離れ、特定の誰でもない一般的な立場からものごとを考え、誰もが認める共通の論理を用いて議論を展開し、帰結を導くものである。現実的利害関係や個人の事情などを離れて、ものごとを考えることによって見えてくることは確かにあろう。また、そのように特定の個人や特定の立場を離れた一般的議論であるからこそ、誰にとっても同じ意味を持つ客観的・普遍的なものとなり、公共的に共有され、利用されることが可能であると考えられる。

しかし、「ポスト福島の哲学」としてまず語られるべきことは、そのような「客観性」や「普遍性」を持つものではないのではないか。なぜなら、私たち一人ひとりはそれぞれさまざまに異なる場所と時の経過の中で大震災と原発事故を経験し、それと関わっているからである。たとえば、福島原子力発電所の職員として、原発事故に直面し、その対処にあたり、またその後も長く事故後の状況に対処し続けている人間と、そこから遠く離れた場所で、不十分で間接的な情報のもとで事故を知り、さまざまな危険や問題に思い巡らしている私のような人間とで「語るべきこと」が同じであることはありえないのではないか。あるいは、放射能の危険性が指摘される中、福島にとどまり生活を維持しようとし続けた人間と、あえて福島を離れた人間とで「語るべきこと」が同じであるとは思われない。

たしかに、そのような立場や関わりの違いを超えて、普遍的・客観的に語ること（たとえば、原発の事故や危険性一般について）はできるであろう。だが、そのように普遍的・客観的に語られることは、「ポスト福島」という時と場所でなくても、つまりそれ以前であっても語りえたことであるし、また福島という特定の場所に関わりなく、世界中のどこでも語りうることになるのではないか。とすれば、それは「ポスト福島の哲学」に固有のこととして語るべきことではないだろう。そうではなく、「ポスト福島」の現状を生きる当事者として語りうること、語るべきことを語ることが、「ポスト福島の哲学」の出発点であるべきだと考えられるのである。

また、一口に当事者といっても「福島」との関わりはさまざまである。先に触れたように、「ポスト福島」の現実といっても、それぞれにとって意味するところは大きく違うところがあると考えられる。その一つ一つの当事者性から語られることにまずは耳を傾けることが必要であろう。[*3]

２「いま、ここ」で語る

「ポスト福島の哲学」の二つ目の語り方としてあげたいのが「いま、ここ」で考えることである。当事者として語ることは、そうでなければならないからだ。無時間的で普遍的な次元で考えるのではなく（また、哲学的な「歴史性」や「時間性」一般について考えるのでもなく）、また、どこともいえない「全世界」や「人類」あるいは「人間社会」を持ち出すのでもなく、それぞれの当事者が生きている「いま」、身を置いている「ここ」で考えることである。

もちろん、その「いま」にしろ「ここ」にしろ、視点の取り方によって大きくも小さくも取りうる。東日本大震災から4年を経過した「いま」をそれ以前の3年間と区別することもできる。大震災前と震災後を区別して、震災後の「いま」という言い方もできるだろうし、もっと大きく「21世紀」とか、「バブル崩壊後」といった「いま」について語ることもできる。「ここ」についても、福島で生活する人の「ここ」と東京で生活する人の「ここ」を区別して語ることもできる一方で、「東日本」や「東アジア」を「ここ」とひとくくりにすることもできる。ただし、「いま」にしろ「ここ」にしろ、どこでもない場所、いつでもない時間からいわば俯瞰的、超時間的にとらえられるのではなく、それぞれの「当事者」が生き、身を置いているところから「ながめ」として見られるものでなければならない。その場合、たとえば同じように震災後4年の「いま」、日本という「ここ」について語る場合でも、当事者のそれぞれの生きている時間、置かれている場所によって「ながめ」が変わってくることもありうる。ここでも、私たちは安易に時間や場所の「共有」について語ってはいけないのである。むしろ、物理的には同じ時間や場所に共に存在していても、「違う時間」「違う場所」を生きていること、「すれ違っている」ことがあることを認めなければならない。

しかも「ポスト福島の哲学」を語る場合、単に当事者の「いま、ここ」というだけでは不十分である。「ポスト福島」というとらえ方は、「福島」後とそれ以前が何か決定的に違ってしまっていて、「福島」以前と以降をいわば一つの「いま」としては語り得ないということを表しているからだ。

むろん、これまでもさまざまな「ポスト…」が語られてきた。「ポスト・モダン」は別として、「ポスト・アウシュヴィッツ」「ポスト・ヒロシマ」などがあり、近年では「ポスト９・11」についてもしばしば語られてきた。いずれも、ある歴史的な出来事が時代を画すものであると考え、それ以前とそれ以降とを区別するという時間意識である。したがって、「ポスト福島」とは、「福島」以降をそれ以前と決定的に区別されたものとして考える意識を指すものである。

では、「ポスト福島」とそれ以前では何が大きく変わったのか。もちろん、変わったことはさまざまにある。まず、大震災と原発事故の影響を直接被った地域とそこに生きていた人々の生活は大きな変化を余儀なくされた。この論稿を書いている２０１５年の時点で挙げれば、政権交代があり、自由民主党と公明党が連立政権を組んでいる、原子力発電所が一つも稼働していない。こうしたことのいずれもが、震災以前には想像もつかなかったことだ。

だが、決定的な変化は、単に出来事の次元だけで起きたわけではない。より大きなことは、私たちの社会に対する意識の変化、具体的には、この社会をこれまで成り立たせてきた原理、価値観、社会構造に対する根元的な反省を迫られたということである。

まず「未曾有」の大震災だけでも、それを経験した人間の人生と意識に大きな変化をもたらすことはある。しかし、「ポスト福島」の現実を語る際に避けて通れないのは、日本では絶対にあり得ないといわれていた原子力発電所の過酷事故が起きたということである。もちろん、この事故とその結果や影響がもたらした変化もまた、当事者ごとにさまざまな受け止め方がありうるだろう。本章では、私自身が受け止めたことについて語ることになる。

3 実践的・現実的に考えること

現実の中で実践的に物事を考え、判断することには、理論的、一般的に物事を考え、理解することとは異なる特徴がある。理論的な問題であれば、結果が不明であり、研究や議論が続けられているかぎり、結論を保留しておくことができるし、そうすべきである。しかし、実践的な場面ではそうすることはできない。

たとえば、治療法が確立していない病気を抱えた患者の枕元で、研究者がどのような方法で治療可能かを議論している間、何もしなければ患者の病状は進行してしまうだろう。だからといって何でもすればよいというわけではない。治療しないリスクと同様治療するリスクもあるからだ。病状が安定していれば、時間をかけて、診断を行い、慎重に治療することもありうる。ここでポイントは、一定の判断をするにせよ、それをしないにせよ、それ自体が一つの判断であるということ、同様に一定の行動をとるにせよ、とらないにせよ、それ自体が一つの行動であるということである。

事故による放射性物質の影響にしろ、原発の安全性にしろ、エネルギー政策の将来にしろ、これらはいずれも実践的課題であり、単なる理論的問題ではない。理論的には分からないことが多く、また理論的に確実的なこととしては限られたことしか言えないとしても、私たちは判断し、行動していかなければならない。以下で述べることも、自分自身が身を置く「ポスト福島」の現実の中で、私が判断しつつ、選択していることである。

2　原子力の平和利用と『鉄腕アトム』の誕生

本章の標題にもあるように、以下では、私の生涯にとって意味のある三つの時点を一つの物差しにして、私が「ポスト福島」の現実にどのように関わってあるのかを語ることにしたい。１９６２年は私が生まれた年、１９９２年は私が現在に至る大学教員としての仕事を始めた年、そして２０１１年は大震災の発生した年である。

1　「アトムの子どもたち」の誕生

私は１９６２年６月15日に当時のドイツ連邦共和国（西ドイツ）のミュンヘンで生まれた。前年の８月13日には、ドイツをその後35年にわたって分断することになる「ベルリンの壁」の建設が始まっていた（当時、父の仕事の関係で滞在していたミュンヘンで両親が結婚式を挙げたのはその三日後のことであった)。そして、1962年10月にはいわゆる「キューバ危機」が起こり、第二次世界大戦後の東西冷戦の中でもっとも核戦争の危険が高まったと言われる(新たな世界大戦すら予感された時代に産声をあげた私に両親はどのような未来を託したのか)。

そして、翌1963年4月には、手塚治虫の『鉄腕アトム』のテレビアニメの放送が始まり、一躍日本中の子どもたちのヒーローとなった。手塚がこの作品を構想するにあたって、原子力についてどう捉えていたかは知らない。彼自身は、この漫画は単純な科学礼賛ではないと考えていたと言われる。実際、原作の漫画作品には科学技術文明への批判的視点が感じられることは確かである。しかし、原子力についてはどうか。原子力の制御の難しさや放射能の危険性への認識は、あまり高くないようにも見える。

いずれせよ、「アトム」「ウラン」「コバルト」といった主人公のロボットたちにつけられた名称、「10万馬力」のスーパーパワーを発揮するアトムの動力がわずかな燃料(漫画版およびアニメ第一作では「濃縮液化ウラン」)の補給しか必要としない小型の「原子力モーター」であるという設定が、文字通りにアトムと共に育った世代である私たちに、原子力が未来を開く魔法のエネルギーであると感じさせたことは間違いない。

さらに、同じ1963年10月26日、東海村の動力試験炉(JPDR)が、日本最初の原子力発電を行ったのである。本稿の標題に掲げた「アトムの子どもたち」とは、私たちの世代が、アトムに象徴される科学技術がもたらす輝かしい未来を信じてきた世代であることを言うものであるが、それは、日本の原子力発電の発展と共に生きてきたということでもあるのだ。[*4]

しかし、「鉄腕アトム」と原子力の歴史をたどるにはもう少し遡っておく必要がある。両者には、一緒に歩んできたといってもよい不思議な一致が見られる。

のちに『鉄腕アトム』の主人公となるアトムが最初に登場する『アトム大使』の連載が始まったのは、アメリカでの初の原子力発電実験（1951年12月）に先立つ1951年4月のことである。原子力をエネルギー源として用いるということがまだほとんど実用化の段階ではなかった時代に、手塚はいち早くこの最新技術を未来の「夢のエネルギー源」として採用したことになる。

そして、1952年4月から『鉄腕アトム』の連載が始まる。1952年4月は、サンフランシスコ講和条約の発効によって、日本が再び独立国として国際社会に復帰した時でもある。そして、敗戦により原子力に関する一切の研究が禁じられた日本で、再び原子力研究、原子力開発が動き始めることになった。1953年12月に国連総会でアメリカ大統領のアイゼンハワーが「平和のための原子力」（Atoms for Peace）と題する演説を行い、これが原子力の「平和利用」の世界的な流れを作ったとされる。1950年代には、アメリカ以外にも、ソ連、イギリス、フランスなどで相次いで原子力発電所が建設された。日本でもこの流れを受けて、1955年には「原子力基本法」が成立し、これがその後の原子力開発の出発点となった。こうしてみると、漫画『鉄腕アトム』の誕生からアニメの放映までの10年間は、原子力の「平和利用」としての原子力発電が実用化された時代であったということができるだろう。

ここで注意を喚起しておきたいのは、「平和利用」という言葉の危うさである。原子爆弾の惨禍を経験した日本人の多くには、この言葉は人類が原子力の軍事利用、すなわち悪しき利用を抛棄し、正しい利用を目指すという願い、もしくは希望の込められたものに思われたかもしれない。しかし、「平和利用」が唱えられ、実用化されるその同じ10年は、世界的には冷戦下で核軍拡競争が繰り広げられた時代でもあるのだ。そして、原子力についての研究開発、技術開発という基本の部分において、「軍事利用」にも「平和利用」にも区別はない。ところが、日本社会では「平和利用」という名の下、日本の原子力技術についても軍事利用の可能性があることが覆い隠されてきたのである。

さて、これも奇妙な一致なのだが、物語の中でアトムが誕生したとされるのは、1952年連載開始の原作漫画ではほぼ50年先の2003年、1963年放映開始のアニメでもそれから50年後の2013年に設定されている。手塚が原子力を含めた科学技術の恩恵が広く社会にゆきわたっていると思い描いた時代を、私たちは生きていることになる。しかしながら、『鉄腕アトム』に込められた原子力の「平和利用」の輝かしい未来への予感は裏切られたと言わざるを得ない。*5

2 「アトムの子ども」のその後

次に目を転じるのは、それから30年後の１９９２年である。この年、大学院を修了した私は、山口大学で教員生活を始めた。それは奇しくも山下達郎の「アトムの子」という楽曲が発表された年でもあった。これは山下が、１９８９年に亡くなった手塚治虫に捧げた曲である。それは「どんなに大人になっても僕等はアトムの子供さ、どんなに大きくなっても心は夢見る子供さ」と歌うもので、「バブル崩壊」と言われた世相の中でそれでも「みんなで力を合わせて素敵な未来にしようよ」という応援ソングになっている。しかし、私たちはそのときどんな「未来」を思い浮かべていたのか、また思い浮かべるべきであったのか。私には、そのとき「アトムの子供」たちは、幼いときに見た「夢」から醒めて、それとは違う「未来」を思い浮かべるべきであったように思う。しかし、原子力に関するかぎりそうした方向転換はなされなかった。

日本で原子力発電所の建設が急速に進み、エネルギー源として原子力発電の割合が急速に高まったのは、いわゆる「オイルショック」のあった１９７０年代以降であった。第一次石油危機（１９７３年10月）後の１９７４年には、過疎地域の振興を旗印にして、交付金と引き替えに発電所の建設を受け入れさせる仕組み（いわゆる「電源三法」）が成立し、相次いで原子力発電所が建設されるようになる。『原子力白書』によれば、１９７０年には原子炉４基で発電容量合計は１３２万キロワットにすぎなかったものが、１９８０年には22基で１５５１万キロワット、１９９０年には39基で３１４８万キロワット、１９９５年には49基で４１１９万キロワットと急激に増えている。これに合わせて、発電実績においても、1980年には水力や火力などを合わせた総発電量の約17パーセント、1990年には27パーセント、1995年には34パーセントとなり、以後大震災まで、日本の電力エネルギーの約3割を担っていくのである。

このような「順調な」発展ぶりを見ると、少なくとも世界の一部では原子力エネルギー政策の見直しの契機となったスリーマイル島原子力発電所事故（1979年）とチェルノブイリ原子力発電所事故（1986年）は、原子力エネルギーに対する日本社会の姿勢に何の影響も与えなかったかのように見える。

私自身は、1981年に大学に入学したのち、「核問題研究会」なる貧弱なサークルに入り、高木仁三郎の著作の読書会をしたり、静岡県出身のサークル仲間と浜岡原子力発電所の見学に訪れたりしていた。浜岡では、そのあまりにクリーンな施設と、そこで無償で提供された原子力発電の必要性と安全性をうたう数々の豪華な冊子に一種のうさんくささを感じたことを覚えている。しかし、そのときに関心を持っていたことはどちらかといえば、プルトニウムの毒性や半減期の長さ、高速増殖炉の困難さなどの「知識」にとどまっていて、日本の原子力発電を取り巻く社会構造的側面までは視野に入ってはいなかった。したがってまた、東京電力管内で生活する自分が原子力発電の受益者であるといった当事者意識もまったく希薄であった。

チェルノブイリの事故についても、私自身が1993年から1995年にかけてドイツに研究留学したときに、事故後７、８年経つヨーロッパでいまだに事故の影響が語られることに触れて事故の大きさを初めて実感したくらいだ。たとえば、牛乳などへのセシウムの残留が問題になっていたり、水道水にヨウ素が混入されているといった話を耳にしたりすることがあったのである。

それでも、その頃日本の大学で授業科目として取り上げられるようになった「環境倫理学」などの講義を担当するうちに、日本のエネルギー政策の基本をなしてきた「長期エネルギー需給見通し」のからくり、[*6] 立地地域振興に莫大な経費を投入している国費のあり方、[*7] 使用済み核燃料の再処理によるプルトニウム保有量の膨大さなどにも少しずつ疑問を持つようになった。

その一方で、日本社会には、こうした原子力発電の持つ問題性に目を向けさせないようにする圧力があるということも知った。その象徴的な事件が、過激な歌詞で若者に人気だったロックバンドＲＣサクセションのアルバム『カバーズ』の発売中止騒動（１９８８年）であった。私自身、このアルバムの発売中止の際に「素晴らしすぎて発売できません」という何とも奇妙な新聞広告が出されたことをリアルタイムで記憶していたが、その顛末を知ったのは、教壇に立つようになってからだった。このアルバムには、チェルノブイリ原発事故を意識して、原発や放射能の危険性を訴える二つの楽曲が含まれていた。そのうちの一つ「サマータイム・ブルース」には、「人気のない所で泳いだら／原子力発電所が建っていた／さっぱりわかんねえ何のため？」「東海地震もそこまで来てる／だけどもまだまだ増えていく／原子力発電所が建っていく／さっぱりわかんねえ誰のため？」「それでもＴＶは言っている／「日本の原発は安全です」／さっぱりわかんねえ根拠がねえ」などといったフレーズがあった。のちに明らかになったところによれば、このアルバムを発売予定だった東芝ＥＭＩに対して原発メーカーでもある親会社の東芝から圧力がかかったのである。

この間、我らの「アトム」の設定にも手が加えられている。先にも触れたように、漫画版（１９５２年連載開始）およびアニメ第一作（１９６２年放映開始）では「濃縮液化ウラン」を燃料とする「原子力モーター」とされていたアトムの動力源は、アニメ第二作（１９８０〜１９８０年放映）では「原子力電池」による「核融合エンジン」になる。この背景としては、スリーマイル島原子力発電所の事故（１９７９年）直後で、旧作のウラン燃料による「原子力モーター」という設定が避けられたことが考えられるだろう。ウランの核分裂を利用する原子炉の場合、スリーマイル島原発事故に見られたように、何らかのトラブルによって核分裂が制御できなくなり、暴走する危険があるのに対して、核融合炉ではトラブルが起きて核融合に必要な高温・高圧の状況を保てなくなると、自然に反応が終息するため「より安全である」とされていたのである。しかし、これもいまから思えば、アトムとスリーマイル島事故が結びつけられないような印象操作であった。

そして、チェルノブイリ原発事故（１９８６年）後に作られたアニメ第三作（２００３〜２００４年放映）になると、アトムの動力源には、燃料にも仕組みにも言及されない「アストロシステム」[*8]という名称が与えられるようになる。少なくとも制作者たちには、もはや原子力を「夢のエネルギー」として扱うことが困難になったのだと思われる。

このようにして、１９９０年代には原子力の将来には大きな陰が忍び寄っていたように思われるが、すでに触れたように日本社会では、原子力の安全性や将来についての広範な関心も議論も行われないまま、21世紀を迎えることになったのである。

３　アトムと共に見た「夢」破れて

そして、「アトム」の誕生からほぼ60年（アニメの放映開始から50年目）になる２０１１年３月11日に発生した東日本大震災とそれに伴って生じた大津波によって、福島第一原子力発電所の事故が引き起こされたのである。漫画版の『鉄腕アトム』の設定なら、アトム誕生後ほぼ８年（アニメ版なら、アトム誕生の２年前）にあたる年である。漫画的空想でいえば、もしアトムのようなロボットがすでに誕生していれば、あのような原子炉の過酷事故にも大活躍して、事故を終息させたのかもしれない。しかし、現実に、発電所も電力会社も、また行政組織も政治システムも、そして私たちの社会全体としても、十分な備えがあったとは言えない事故が発生し、事故の経過によっては東日本全体を壊滅的な状況に追い込むような膨大な放射能汚染をもたらす一歩手前にまで至ったのである。

私は、たまたま勤務先の大学の卒業式前日で、自宅のある山梨県にいて大地震を経験した。揺れそのものは経験のないものではあったものの、自宅および周囲には大きな被害はなかった。しかし、県内のほとんどは地震直後からほぼ丸一日停電に陥ったのである（あとから知ったのは、東電管内でもこの地域は、新潟の柏崎刈羽原発から電気の供給を受けており、停電は、原発の緊急停止による電力供給の減少のためであった）。そのため、日本中の多くの人々のようにテレビにかじりついて大津波が東日本沿岸の町々を呑み込んで行く様をリアルタイムで味わうという体験をすることなく、被災地の人々と同じく、暗闇でロウソクをともし、ラジオから流れる被害状況に耳を傾けながら不安な一夜を過ごしたのである。

卒業式は中止になり、しばらくは出勤も求められなかったため、それからはテレビやインターネットで情報を収集していた。福島第一原子力発電所で重大なトラブルが起こっているらしいことに気がついたのは、「電源」がないらしいという情報を知った時である。発電所内の自動車のバッテリーをかき集めているとか、東京方面から電源車を派遣しているといったニュースが伝わってきた。それが何を意味するかまではすぐには分からなかったものの、そのあまりに原始的とも思われる方法に、これはよほどの緊急事態なのだと思われた。

公式には水蒸気爆発とされているいくつかの爆発のあとでは、ヨーロッパにいる友人たちから日本脱出を勧めるようなメールが舞い込み、日本のメディアの多くで流されていた「心配はない」という報道とは別の報道が海外で流されているらしいことも知った。また、震災発生時にヨーロッパにいた母からは、飛行機が放射能汚染を恐れて日本に飛ばないかもしれないという知らせも来た（結局、関西空港経由で帰国)。3月末には、大学ではこのまま新学期を迎えてよいか、原発事故の終息を見届けてからにするべきではないか、激論がたたかわされたが、結局、1カ月ほど遅れてゴールデンウィーク明けから新学期が始まったのである。

そのときから考え始めたことは、「どうしてこんなことが起こってしまったのか」ということである。はじめは、事故を起こした原発のメカニズムや制御システム、安全システムや現場の技術者の判断、東京電力ならびに政府の対応などについて考えたものの、マスメディアやインターネットから得られる以上の情報があるわけではなく、さまざまな可能性について想像をめぐらしただけのことであった。そして、事故から一定の距離にあって物事をみていた私の関心は、時間と共に、個々の出来事、個人の判断や行動から、その根底にあるものに移っていったのである。

日本社会は、なぜこのような事態に直面するまで原子力発電につきまとう技術的、社会的、政治的な諸問題に目をとめることがなかったのか。「未曾有の」災害によって「あり得ない」とされていた事故が起きたのに、「人体に直ちに影響があるとは考えられない」といった根拠があるとも思われない言説が繰り返され、それほどの危機感があるようにも見えないのはどうしてなのか。その後、全国的な反原発運動が高まったにも関わらず、時の政権は言を左右し、その後の総選挙でも原発やエネルギー政策の将来が重要な争点にならずに、再稼働を当然のように主張する政権に交替してしまったのはどうしてなのか。

私自身これまで触れてきたように「アトムの子ども」としては、原子力も含む科学技術の将来に対する明るい希望の中で誕生し、その後もそれほど深い振り返りも再検討もしてきたわけではない。それでも、さすがにこのように社会が動いていくことは理解できないことのように思われた。私の周囲にもそのように考える人間は決して少なくないにもかかわらず、社会全体はそれとは反対の方向に動いていき、止めようがないのはどうしてなのか。

私は、いまもなおそのことを考え続けており、全体的な結論にたどり着いたわけではない。他方で、この現実を生きる人間としては、見通しを得るまで何もしないでいることも許されない。その中で私にとりわけ強く感じられたのは、この「ポスト福島」の現実の中で、私たちの社会には、この現実を正しく受け止め、そこから私たちのあり方や振る舞いを見直し、さらに将来を見定め、行動していくために必要な「知力」が欠如しているのではないかということであった。それはこれまでは立法府、行政府、産業界、学会などそれぞれの専門性と責任を持つ立場で、必要なことが考えられ、判断され、実施されていると信じられてきたからかもしれない。しかし、「ありえない」「あってはならない」とされた福島第一原発の事故が起き、その検証が進むにつれ、露呈したのは、多くの点で必要な考察、判断、行動がなされてこなかった、あるいは少なくとも十分にはなされてこなかったということである。とすれば、私たち市民の一人ひとりが、こうした事態を招いた社会のあり方に目を注ぎ、政治や行政の仕組みと経済活動のあり方全体にわたって、総点検し、考え直し、公共の議論において検証し、今後のあり方や将来の方針を考えていかなければならないのではないか。そのため必要な「知力」を身につけるところから始めなければならないだろうというのがいまの見通しである。

3　総合的な教養知の再構築に向けて

以下では、そのような見通しの下で私が自らの仕事として取り組んでいることを述べたい。

それをひと言で言うと総合的な教養知の再構築ということである。「教養」というと、戦後の日本の大学教育を長い間特徴づけた「一般教養」というシステムが思い浮かべられるかもしれない。１９５６年に定められた大学設置基準によって、どの大学においても全学生が、語学や体育などに加えて、人文科学、社会科学、自然科学の各分野の講義を「一般教養」として履修することが課せられた。多くの大学では、専門課程に進む前に１～２年間の教養課程を設け、これは１９９０年に設置基準が大幅に自由化される（大学設置基準の「大綱化」）まで続いた。大学で学び、その知的能力によって社会に貢献することを期待される人間に幅広い知の基盤を与えることを目標としていたと考えられるこの一般教養システムは、しかしながら必ずしもその目的を果たすことができず、失敗に終わったとされた。設置基準が緩和されると、多くの大学では、教養課程が短縮ないし縮小され、入学時から専門科目を学ぶことが一般化した。

しかし、私の見るところでは、一般教養システムの失敗は、真の教養についての理解が十分に共有されなかったところにある。一般教養についての誤解の一つは、これを実用主義的に理解するものである。たとえば、英語は専門の学問にも、また大学を出てからの職業生活にとっても必要な素養であるといった考え方だ。だが、実際には、英語の研究書や論文を読みこなす必要のあるような専門分野の研究者になるのでもなければ、たいていの場合は英語の実用性がそれほどあるわけではなかった。さらに、ドイツ語やフランス語などの第二外国語となると実用性はさらにない。[*9] もう一つの誤りは、一般教養として、専門知識の入門的な内容を考えることである。確かに、入門的内容であれば、予備知識のない初学者でも理解することはできるだろう。しかし、入門が意味を持つのは、それが専門的知識と接続して、その一部となるときである。しかも入門的な内容は、しばしば基礎的概念や方法論など形式的な内容になりがちである。それでは、その分野をいずれ専門にしようとする学生以外には興味のもてないものになってもしかたがなかったのである。

では、真の教養とは何か。教養の理念やその方法についても多様な捉え方があるが、それらについて子細に検討する用意はないので、ここでは、私自身の実践の中で重要と考えている要素をあげるにとどめたい。

1　統合的思考力

まず求められるのは、細分化された専門知の諸領域、専門知と社会通念、個別知と一般知など、さまざまに異なる観点や立場について、それぞれの限界と有効性を理解し、一つの判断に統合していくことのできる思考力である。特に、明治時代に作られた「文科」「理科」の区別以降、いまに至るまで日本の学校教育と知の世界を分断している「文系」「理系」の区別を考え直さなければならない。「文系」の人間は、数学オンチで客観的・理論的な思考が苦手であり、「理系」の人間は、哲学や倫理、人間の文化や歴史への理解が乏しいといったステレオタイプがある。しかし、文化や歴史の理解が合理的思考と無縁であるはずはなく、前記のステレオタイプは数値化されるものだけが普遍的であるとする狭い合理性の概念に基づいているにすぎない。逆に、医学や自然科学の知識も、世界理解や人間理解と切り離されてしまえば、人間にとっての本来の価値を失う危険性があることは言うまでもない。さらに、このステレオタイプは、たとえば高校生の進路選択において「文系クラス」「理系クラス」といった分類がなされる（しかも多くの場合、「理系クラス」が「文系クラス」より成績がよいことになっている）ことによって、多くの若い人たちの自己規定を縛り、結果として関心の幅や知識の広がりを狭めることになっているのである（「文系だから、自然科学のことはよく分からない」「理系だから、歴史なんて勉強したって仕方がない」）。

2 対話術

自己の中でさまざまに異なる観点を統合して思考するだけでなく、自己とは異なる立場や見解を有する他者と現実に対話する技術が必要である。それは、はじめから一つの結論を目指すような話し合いとも、相手の議論を論破し、自分の意見を通すような討論（闘論）とも異なり、自己の見解と他者の見解をつきあわせて吟味し、それぞれの立脚点や隠れた前提を明らかにして、相対化したり、批判的な検討を加えたりするような作業である。特に実践的な判断については、誰にとっても同じ一つの結論がなく、最終的には個人の決断によるしかないとしても、共有されなければならない基盤や大前提を確認するための対話は必要である。

3 科学技術文明の理解

科学技術についての一般的な理解にとどまらず、20世紀以降の自然科学の「進歩」とその大規模な実用化がもたらしたものについて全体的な見通しと根本的な洞察を持つ必要がある。たとえば、自然と人間との関係の変化（自然との調和から自然保護へ）[10]、個々人の判断や行動が技術的メカニズムによって結びつけられた「集積的行為」の問題[11]、技術行為における予測と結果の関係[12]といった特有の問題がある。

4　新たな倫理の探求

従来の倫理は基本的には人間同士の相互的な関係の中で語られることを基本としてきた。しかし、科学技術文明の巨大なメカニズムは、人間の行為とその集積的結果がおよぶ時空の広がりをこれに関わる個々人の視野を遙かに超える範囲に広げてしまった。したがって、自然に対する責任やいわゆる「世代間倫理[*13]」は、相互性とは別の立脚点をもたなければならない。また、人為が自然の大規模な、あるいは根本的な改変をもたらしうるようになった現在、各人の選択が取り消し不可能な結果をもたらすことがありうる。たとえば、人間の遺伝子に改変を加え、これが将来世代に受け継がれるようにすることは許されるかといった問題である。原子力発電を行うことで自然界にはほとんど存在せず、大きな危険性を有するプルトニウムを産出し続けることの問題などもこれに類する問題である。

5　「生活学」の構築

こうして高度に発達した科学技術によって複雑化した現代社会で、個人が自己の行為とその集積的結果を視野に入れ、責任ある判断を下し、行動するための知が必要であると考えられる。こうした知の探求は、20世紀後半から環境倫理、生命倫理、消費者運動、市民運動などの形をとって徐々に、また個別に行われてきた。医療や生命操作、食糧生産や食品生産など、人間やその他の生命を扱う諸技術の問題に関する「生命学」、経済活動と消費、医療・介護・ケア、労働、政治などに関わる「市民学」などを合わせた現代人の「生活学」の構築が目指されなければならない。

4 「別の生き方（オルタナティブ）」の追求

こうした理論的・学問的な追究とその実践としての教育の傍らで、私も現代に生きる個人として新たな生き方を模索してきた。もちろん、公共的な議論と政治的な決定を経て、社会が新たな道を選択していくことで変わっていくことは必要なことである。だが、社会の既存のあり方と根本的に異なる新しい生き方は、こうした既存の社会的選択の道筋では実現されにくい。しかし、そうした社会的選択の道筋に対して異議を申し立て、政治的な変革を行う必要もあると同時に、それだけでなく、個人として着手可能なところから各人が「別の生き方」を始めることによって、たとえ部分的にであれ、社会が変わっていくのである。

以下では私がそうした「別の生き方」の追求にあたって考えてきた観点について例示しておくことにしたい。

1 時間の使い方

現代の経済システムに特有の労働と消費といった生活の基本枠組み、より多く産みだし、より多く消費することに価値を置くような価値観を見直すことが必要である。たとえば、伝統的に「スコレー」と呼ばれてきた時間の過ごし方がある。ものを生産するのでもなく、何らかの行為につながるのでもなく、純粋な知的な営みに充てられる時間である。休日に図書館から一冊の本を借りてきて一日中読むことは、それ自体としては生産も消費も生み出さないが、人間として豊かな生活であろう。

２　技術の使い方

技術を適切に利用するだけでなく、時に利用しないことを選ぶ知恵が必要である。私はいまでもスマートフォンではなく、10年前に購入した携帯電話を使用している。通話をするのに何の支障もない。世の中にはさまざまに「便利」なものがある。しかし、便利であるからといって必要があるのか、あるいはそもそもどこまで便利である必要があるのかも考え直すべきである。たとえば、町中に自動販売機があること、その名前の通り「コンビニエンスストア」があり、24時間どこでも飲みものやさまざまものが手に入ることは「便利」ではある。しかし、その「必要」はどれほどあるのだろうか。

３　仲間の作り方

大規模な社会変革を性急に求めるのではなく、価値観を共有する仲間同士の緩いネットワークを社会の中に少しずつ広げていくことも重要なことであると考えている。たとえば、一つの家庭の中で、職業労働は男性が担い、育児や家事は女性が担うといった性別分業は、もはや一般的であるとも言えない（男女両性が働いている場合だけでなく、ひとり親世帯も少なくない）にもかかわらず、まだ多くの職場や社会制度が古い性別役割を前提としていることは少なくない（制度というのは、しばしば現実の後追いでしか整備されない）。その結果として、学校のPTAなどは、職業を持たない女性の活動が前提になっている（平日の昼間に会合が設定されるなど）。たとえば、それに対して夜や週末に「親父の会」を作って別の活動を始めると、男性に限らず、既存の枠組では参加できなかった人が参加するようになる。元のPTAそのものが変わらなくても、「親父の会」ができることで、ある意味では学校と保護者の関係全体が変容していくのである。あるいは、私の周りには、小さな子どもにはテレビやゲームを与えず、読書や芸術活動、そしてさまざまな人との関わりに時間を使わせるような子育てをしている人間が多くいる。多人数のクラスの中で、我が子ひとりにだけそのような生活をさせることにはさまざまな困難があるが、たとえ数人でもそのような子どもがいると、その「社会」は別の顔を見せるようになるのである。

このように一人ひとりがこれまでの社会や経済のシステムを前提とした生き方から離れて「別の生き方」を試みることによって、その元にある社会や経済のシステムも変わっていくことが期待されるのではないだろうか。たとえば、脱原発の問題も、「原発を必要としないような生活」が見いだされることなしには実現への道筋が見えないであろう。24時間電気を湯水のように消費する生活、大量生産と大量消費を是とし、それゆえ大都会と地方の格差が必然的に生まれてしまうような社会をそのままにしていて、原発の再稼働反対を唱えても、それは空しく響く。

以上、これが「ポスト福島」の現実を生きる私の現状報告である。それがこの現実をどこまで正面から受け止め、それに応えるものになっているかは分からない。いや、私が触れ得ているのがその現実の一部であるのは明らかであるし、事態はいまも進行し変化し続けている。それでも私たち一人ひとりは自分の置かれている「いま、ここ」において、そこで見えてくる「ながめ」を見つめ、当事者として出来る限りのことを考え、判断し、選択し、実践していくしかないであろう。

［註］

＊1　ただし、私たちの現在を単純に「原発事故後」と規定すべきかどうかには疑問もある。いわゆる「冷温停止状態」を保つために絶えざる注水を必要とする（これは正常な機能を保っている原子力発電所における管理下の「冷温停止」とは全く異なる状況である）一方で、大きく毀損した原子炉建屋への地下水の流入も止められず、それらの結果として生じる大量の汚染水の漏洩を止めることもできない状態（2015年6月現在）、炉心溶融の結果として原子炉の格納容器内あるいは外に滞留していると

思われる大量の放射性物質の状態も間接的にしか確認できない状態は、単に「事故後」であると言って済ますことはできないであろう。したがってここで「原発事故後」というのは「原発事故の終息後」という意味ではなく、その「発生後」と理解されなければならない。

*2 本章は、2013年3月26日に行われた東洋大学国際哲学研究センターの研究会における講演の草稿をもとに書かれたものである。論旨に変更はないが、具体的な内容については講演と論稿の違いに応じて大きく手を加えた。

*3 このような哲学の仕事のモデルとして、清水哲郎が提唱する「実践家につきそう書記としての哲学」を挙げたい。それによれば、哲学の仕事は、現実や現場の外から（あるいは上から）、原理を持ち込んで、天下りさせることではない。むしろ、当事者に寄り添い、当事者の考えていること、していることを言葉にして提示し、当事者自身が望んでいること、していることをより精確に理解できるようにさせることであるとされる（清水哲郎『医療現場に臨む哲学』勁草書房1997年、特にその第一章を参照）。

*4 私が生まれたとき、この日本では原子力発電は行われていなかったということになる。それから、福島第一原子力発電所の過酷事故が起きて国内の原子力発電がすべて停止するまでは50年にならないのだ。とすれば、次の50年でそれを廃絶することも可能ではないのか。私が死ぬまでに、最後の原子力発電所の廃炉を見たい、これが私の密やかな野望である。

*5 『鉄腕アトム』と対照的な作品として、ショートストーリーの名手星新一が1958年に発表した「おーいでてこーい」を挙げておきたい。この作品は、山の中に突然生じた得体の知れない深い穴に、都会からさまざまな廃棄物が持ち込まれるというストーリーである。その穴に目をつけた「利権屋」が新しい施設（神社と集会所）の建設と引き替えに、この穴を利用する廃棄物処理の会社を設立する。

その最初に持ち込まれるのが、「原子炉のカス」（放射性廃棄物）なのだ。「官庁は、許可を与えた。原子力発電会社は、争って契約した。村人たちはちょっと心配したが、数千年は絶対地上に害は出ない、と説明され、また利益の配分をもらうことでなっとくした。しかも、まもなく都会から村まで立派な道路が作られたのだ。」というくだりは、その後の原子力発電所立地の仕組みを見事なほど言い当てている。穴は、ほかにも役所の機密書類、危険な実験動物の死骸、大都会の汚物などさまざまな物を際限なく飲み込んでいく。そのストーリーの最後、ある日大都会の高いビルの建設現場で、空から「おーい、でてこーい」という声が聞こえてくる。この声は、実は穴ができたときに、最初に村人の一人が穴に向かって叫んだ声なのだ。社会が無責任に無際限に放り込んだ廃棄物が、今や大都会の頭の上から降ってくる、そんな予感を与えてストーリーは閉じられる。さまざまな問題を先送りして「臭い物にふた」をしてきた社会がそのしっぺ返しを受ける。それは「ポスト福島」のまさにいまの姿を予言者的に言い当てているのではないか。

＊6　政府のエネルギー基本計画に基づいて、通商産業省（現経済産業省）が立ててきた日本におけるエネルギーの長期的な需要と供給の試算である。1967年から始まり約3年おきに改定されてきたが、エネルギー需要についての試算はほとんど常に下方修正されてきた。というのも、エネルギー需要は企業団体等各産業界の予想を積み上げる仕方で算定されるからだ。どの団体も自らの業界の発展を予測し、それに合わせてエネルギー需要の見通しを計算する。その場合、どうしても現実的なものよりも高めを予想することになる場合が多いのである。そして、この高めの需要の予想に照らして、原発の増設が進められたのである。

＊7　2004年度の原子力関係予算は合計約4707億円であったが、そのうちわけは以下の通りであった（『平成17年版原子力白書』より。いずれも概数）。

①安全確保と防災　690億円　②情報公開と情報提供　155億円　③原子力教育10億円　④立地地域との共生　1435億円　⑤原子力発電の開発研究　16億円　⑥核燃料サイクル事業　529億円　⑦廃棄物処理等　297億円　⑧高速増殖炉の研究開発　270億円　⑨原子力科学技術の研究（加速器、核融合など）　646億円　⑩その他の放射線利用（医療、農業など）　166億円　⑪核不拡散の取り組み　83億円　⑫国際協力　144億円

立地地域への交付金は、原子力関係予算中最大の項目であり、予算の約3割が、原子力技術そのものとは関係のない形で使われていたのである。

*8 この「アストロ」という語は、ギリシア語で「星」を意味する astron に由来すると考えられている。実は、アニメ版の『鉄腕アトム』が海外で放映された際には、初期から Astro Boy という名称が用いられていたのである。外来語である「アトム」が日本では原子力を連想させにくいのに対して、英語の Atom はそのまま「原子」を意味することから避けられたと言われる。さらに2009年に公開された映画ATOMでは、アトムのエネルギー源は、隕石から抽出された不滅の「善のエネルギー」である「ブルーコア」とされている。

*9 設置基準の緩和以降、語学は、ドイツ語やフランス語に比べ社会に出てからの実用性がより高いと見られる中国語や韓国語が導入されるようになった。しかし、実際にそれほど実用性があるかどうかは疑わしいし、また学生が実用的なレベルまで到達するかも疑わしい。また同じ実用主義的考えの延長線上で、近年では、より役に立つ素養として、論文の書き方やコンピューターの扱いの指導などがなされるようになっている。必要性や有用性は否定しないが、それが「教養」であるとは言えない。

*10 この変化は、自然と人間との力関係の変化を反映している。古来、「自然と調和した生き方」が追求されたのは、圧倒的な自然の力に受動的に調和して生きる人間の知恵である。いまでも自然の脅威が全

て克服されたわけではないが、人為の力が圧倒的に強くなり、自然の存立を危うくするようになったからこそ、「自然保護」が語られるのである。

＊11　個々人の選択は直接的な結果を持つだけでなく、技術に媒介された巨大システムが介在することで、集積的な結果を持つ。たとえば一つひとつのエアコンの排熱は環境に大きな影響を与えるわけではないが、これが集積した結果として大都市の「ヒートアイランド」化が進むといった事例がある。この場合、集積的結果は個人には見えにくく、個人の責任が曖昧になる。

＊12　技術的予測は、理論的にも、また実用的合理性やコストの点からも有限にとどまらざるを得ない。しかし、物理的世界で生じる因果関係には事実上無限と言ってよい広がりがある。そのため、どんな技術的行為にも「想定外」の結果があり得るといった問題。

＊13　現在世代の選択によって、将来世代の選択の条件が狭められてしまうといった問題。

コラム③

「震災ユートピア」のあとで
――被曝低減活動の現在

疋田香澄

私は２０１１年より約４年間、当事者の選択を尊重した被曝低減を目的として、保養や健康に関する現地相談会や電話相談窓口、座談会や情報の支援などを行ってきた。「何のために」「誰を」「どのように」支援するかを整理しながら活動し、２０１３年３月『国際哲学研究　別冊１：ポスト福島の哲学』において報告した。そこでは、放射能のリスクに関する(i)直感的な判断、(ii)科学的な判断、(iii)価値観（家族観・生活様式）を含む判断、(iv)政治・経済も含むマクロな判断が存在しており、「放射能」についての共通の語りが喪失し、個人の判断や選択の権利が侵害され、ひいては原発事故に関する被害が個人の責任の問題へすりかえられることに対して懸念を述べた。それから2年経った現在、私が改めて感じているのは、個人が「判断」し「選択」することの限界である。このコラムでは具体的な被曝低減活動とそこから見えた問題点を報告したい。

リフレッシュサポート

２０１４年夏、一般社団法人子どもたちの健康と未来を守るプロジェクト（通称こどけん）と疎開ネットワークｈａｈａｋｏより支援を受け、『リフレッシュサポート――保養のための情報誌』が発行された。保養、移住、現地支援団体など計81団体の情報を掲載、３７５７冊を無料配布した。福島県や関東・東北のホットスポットの保護者から保養が求められつつも支援の実態が認知されていない状況を踏まえ、単発プログラムの募集要項ではなく支援団体の活動内容を掲載し、各地域に保養受け入れ活動が存在すること、選択することが可能であることを視覚化した。また保養に行ったことがない方も多いため、そもそも保養とは何かなどの特集も掲載した。OurPlanet-TVの白石草氏の記事「ウクライナの保養」は、福島の方のみならず各地の保養受け入れ支援者からも反響が大きく、いまだ日本において「制度としての保養」という観念が共有されていない現状を改めて感じた。

申し込みに応じ送付した先は、①福島在住者2532冊（67・3％）、②保養・移住支援団体629冊（16・7％）、③福島県外への避難者213冊（5・6％）、④関東・東北ホットスポット204冊（5・4％）、⑤その他179冊（4・7％）であった。それぞれの申し込み理由を見ると、①は、現地の子育て支援団体や仮設住宅で配りたい、保養の情報をどう探せばいいか分からない、知人に渡したい。②は、保養に来た人が今後も保養へ行けるように情報提供のために配りたい、全国各地で支援が広がっていることを報告したり勉強するために欲しい。③は、福島へ帰還を考えているため保養へ行きたい、避難区域へ帰還を促されているために次の避難先を考えたい、避難者支援の一環として配りたい、など。そして、④は、家族や周りに勉強してほしいという目的が多かった。⑤は、関東在住の医師・研究者・弁護士・マスコミ関係者からの申し込みであった。

2012年から13年の時期には、「判断・選択してここに住むと決めたので放っておいてほしい」という意見が「当事者の声」としてメディアに載ることがしばしばあった。しかし、2014年に『リフレッシュサポート』を作成する際には、「当事者」と呼ばれる人々の多様性と、当事者に必要とされている保養の総覧すら、公的機関からは提供されていないという事実が見えてきた。保養や自主避難は「不安な人が勝手に行うもの」という位置づけのまま4年が過ぎており、移動教室を行う自治体などもあるものの、全体としては「放射能を気にして」「被曝低減のために」保養に行くとは言いにくい状況が続いている。

被曝低減を選択することの難しさ

ウクライナでは「できる限り被曝しないほうがよい」という考え方が広く共有されており、そのための法律と国家主導の保養の仕組みがあるが、現在の日本においては「この程度の被曝は問題ない」という見解を国がとっているため、被曝を減らす取り組みを行いにくい。それゆえに、被曝に悩んだ人が判断し選択することが難しい状況がある。リフレッシュサポートの相談窓口にきた事例を2つ紹介する。

福島県郡山市のAさんは、家庭の事情により移住は行わないことにしたが、せめて長期休暇は子どもたちを放射線量が低い地域で過ごさせたいと考えている。郡山市は避難区域には指定されたことはないが、除染基準である毎時0・23マイクロシーベルト[*1]を超える場所も点在する。Aさんは母子家庭であり、仕事の都合で子どもの保養に同行できない。しかし一番下の子どもは未就学児童であり民間主催の保養では親子同伴必須のものが多い。また一番上が中学生、真ん中が小学校低学年のため、きょうだいが同じキャンプに参加できない場合がある。さらに、夏休みのプール当番やお盆の親戚づきあいのために、可能な日程が8月初旬と8月下旬に分かれてしまう。3年半経って「放射能を気にして保養に行く」とは言い出しにくい雰囲気のため、学校や親戚の行事を休むことができないとのことだった。長期間の保養や交通費の負担が少ない保養は人気があるため、限られた日程の中で確実に行くためにいくつも申し込んだが、抽選に漏れてしまった。これを受けて私は、支援者のネットワークに相談し、まだ募集定員に満たない団体を探し紹介した。保護者の希望では子どもが疲れないように、一つの場所に4泊させたかったが、結局2泊と2泊で二つの団体をハシゴすることとなった。

Bさんは、福島県の中通りに住む高校生だが、自ら希望して保養に行きたいと相談があった。しかしBさんの保護者が「放射能は安全なので気にする必要はない」という判断のため、費用の負担を頼むことはできなかった。そこで「できるだけ安い保養、できれば無料の保養を紹介してほしい」というのが彼女の希望だった。「とにかく安い保養を探している」と支援者のメーリングリストへ流すことに、私は戸惑いを感じた。なぜなら、現在日本で行われている保養のほとんどは、民間が福島の子どものためにとボランティアで行っている取り組みであり、それゆえに旅行代理店のように「顧客に合うサービスを紹介する」ようなやり方は難しいからだ。観光気分で保養に申し込んだと誤解されないだろうかと心配だったが、受け入れ団体に状況をよく説明した結果、Bさんは保養へ行くことができた。

Aさんの事例では、現在において被曝低減のために保養へ行こうとする場合のマッチングの難しさが表れている。311受入全国協議会などでは、福島県内で保養相談会と称して直接支援者が現地へ行き、相談を受け付け、柔軟なマッチングを行っているが、その際も「学校」「仕事」「周囲の目」が大きな壁となることがしばしばある。Bさんの事例では、「善意」で成り立っている被曝低減活動の状況が見えてくる。ウクライナのように国家事業として保養が行われていれば、Bさんにとって保養は「権利」であり、何ひとつ気にせず保養に行くことができる。しかし、日本では「民間の善意」で成り立っているため、それを行政サービスと同じ感覚で用いることは当事者と受け入れ側の間で齟齬を生むことが多い。また、事故から4年が経過し「緊急事態」から「日常」へと状況が移るなかで、寄附も集まりにくいことや、支援者自身の生活と両立が難しいなどの問題も出てきている。

被曝について語ることの難しさ

「あれって話すのが難しくないですか」

被曝低減のボランティアの話題になったとき、初対面の福島出身の方がそう呟いたことがあった。彼女自身、何が難しいかは明確に言葉にできないが、〝あれ〟としか表現のしようのない、地域の分断や判断の複雑さがあると言っていた。あることについて考えたり話すこと自体が、周囲とのギャップを生む。被曝に関する問題にはそういう側面がある。差別や風評被害という問題を避けて通れないというのがその理由のひとつであろう。

たとえば私はある人から、福島の女子高生が「私は子どもを産めないのではないか」と語ったことを根拠に、被曝低減活動自体が差別を生むと批判を受けたことがある。私も明らかに脅しのような情報や言葉を発することは間違っていると思うが、だからといって被曝低減の試み自体が間違っているとは思えなかった。その議論をしながら、私は当事者を代弁する人と話すのではなく、その女子高生がどのような意図でそう語ったのかを深く知りたいと思った。怒りを込めてなのか、率直な戸惑いなのか、それとも妊娠一般について話したいだけなのか。というのも、被曝低減活動をしていると、他人の言葉を誘導する危険性を感じることが多いからである。とくに未成年だと、それに向き合う大人が状況をどう判断しているかによって語りが変わってしまうことがあるので特に注意しなければならない。

２０１３年夏、こどけんでは「中高生のためのしゃべり場合宿――学ぼう、話そう！　誰にも聞けなかった〝放射能〟のこと」を行い、郡山にある塾に通う中学生を招いた。打ち合わせの段階で注意深く議論したのは、「おそれ」ばかりが肥大化するようなメッセージを子どもに伝えない、事実を伝えると同時に自己肯定感を育むことを大切にするということだった。ワークショップや被曝防御に関する講演、女性の医師による座談会などをしながら3泊4日をともに過ごした。その中で「私は放射能について心配しているけど、お母さんに言うと悲しませるから言えない」という女子中学生もいた。気にしていない子もいたし、事故後の福島が放置され見捨てられたと怒りを持っている子もいた。合宿のあと、その塾では自分の体や被曝について語ることができるようになったと、塾の先生より報告があった。

「どうせもう被曝しているし」という諦めから、生徒の間に「自分を大事にする」という雰囲気に変わったという。

相馬市のメンタルクリニックなごみの蟻塚亮二医師は、「思い出の家はあるのに戻れない、先が見えない」などの原発事故の被災者の辛さを、『曖昧な喪失』と呼んだ。結局誰が被害者なのかが不透明なまま時間が過ぎている。原発事故は突如としてマジョリティをマイノリティに変えた。できるだけ被曝をしたくない人々だけが自分がマイノリティであるという疎外感を持ち、他方で被曝を一切気にしない人々にとっては何の変化もない日常が続く。曖昧なマイノリティという立場のうえ、被曝の影響が挽発性で確率的であるため、被曝は独特の語りにくさがある。苦悩を語ると、周りから「あなたの被害感情は不適切である」と否定されるのではないかという不安がつきまとう。

だが、その不安は、はたして不適切なものであるのだろうか。座談会で1人の保護者が「保養に行くと判断するのに何が決定的でしたか」と他の保護者に尋ねたことがあった。これに対して保養経験のある母親が、「結局は放射線量など数字でしか判断できないし、数値もまた目安でしかない。内部被曝も実感することはほとんどない。最終的には今は気を付けておきたいという母の勘です」と答えた。私は非常に論理的な意見に驚いたと同時に、母の勘という言葉は科学的とはみなされないだろうとも思った。しかし直感というものは今までの自分の経験や知識が凝縮されたものであり、必ずしも「主観―感情」「客観―理性」と対立させて排除するべきものではないのではないだろうか。

放射能は安全であるという立場に立って、そのうえでそれ以外の要素を排除していくあり方は、先に結論ありきで演繹的（あまり正確ではないが）といえると思う。それに対して冒頭の保護者のような、状況を積み重ねて判断し念のために放射能に気を付けようという態度は帰納的であると思う。本来科学は帰納的であるべきだが、事故直後多くの科学者が取った態度は専門家集団内の内的整合性を保つために先にある結論を繰り返すことだったように思う。そして、制度に汲み上げられないものは「感情」として個人の問題にされてしまう。

こどけんでは2014年に季刊誌『ママレボ』と共同で、福島の子どもたちの外遊び実態についての調査、福島県民健康調査と体調に関するアンケートを行った。正確な統計を取るには至らなかったが、自由記述欄に書かれた保護者の不安や状況の厳しさを訴える部分が非常に重要であると判断し、できる限りこれらをそのままの形で公表した。事故直後の思いや矛盾・不安など、一人ひとりの苦しみは統計には表れない。こちらの意図に沿うよう「語らせる」という姿勢は避けなければならないが、いまだに感じた矛盾や苦しみを言葉にできていない人も多いのではないだろうか。

「震災ユートピア」のあとで

震災直後、自発的で善意的なコミュニティが立ちあらわれ、それはポジティブな形で語られることが多かった。しかし、私たちはこの「震災ユートピア」が終わったあとも、日々ご飯を食べ寝る場所を確保し暮らしていかなければならない。そのときに、自由に判断し自由に選択できる「超人」ではない「普通の人」でも、適切にリスクを減らせる仕組みがなくてはならないと私は考える。

チェルノブイリでは事故後3～4年目に広範囲の土壌測定を行いその結果を法律に反映させた。日常に戻ってはいるが、日本社会はまだその段階であるともいえる。「宿命を受け入れる」という大きな物語か「個人の自己責任」という小さな物語か、どちらかに回収し終わりにするのではなく、公害によって被害を被り苦しんだ（苦しんでいる）人間がいることを忘れないことが重要だろう。そして、緊急事態に必要性から生み出された試みを制度にし、被曝対策を続けていく必要があるのではないだろうか。

【註】

＊1　「除染基準緩和～空間線量から個人被ばく線量へ」『OurPlanet-TV』（http://www.ourplanet-tv.org/?q=node/1814）参照。

第5章

予防原則の適用と環境倫理の方向性

山口一郎

1 予防原則とは何か

予防原則とは何かを問う場合、様々な変遷を経ながら、現在、当の原則を活用するさい、準拠の対象とされる現行の「予防原則」に焦点を当てることが適切とおもわれる。それは、EU（欧州共同体）の委員会で作成された「委員会からの通達——予防原則の適用」[*1]というテキストである。しかし、このテキストに直接向かう前に、まずは、「水俣病公害訴訟」の問題との関連において、「予防原則」

に言及している丸山徳次の「日本における環境問題とその解決の困難さ」の論考に目を向けたいと思う。

（1）　丸山は、「水俣病事件の経緯を振り返り、過去の経験からまなぶべきこと」の一つとして「予防原則の明確化が必要」であるとしている。[*2] あえて明確化が必要であるとするのは、日本政府・行政がこの当の予防原則を骨抜きにしているからだ、というのである。丸山は、このことを「水俣病事件」を振り返り、まず、次のように説明する。

> 予防原則において肝心な点は、環境劣化と危害の防止が、因果関係の科学的不確実性を理由として妨害されてはならない、ということである。水俣病事件では、何らかの重金属が魚介類を汚染し、それが原因で病気が発生していることはほぼ確実であったにもかかわらず、「原因物質」が科学的に解明されていないというチッソの主張によって、可能な対策が一切とられないまま放置され、いたずらに被害が拡大されてしまった。[*3]

ということは、もし、「重金属汚染による病気」という事態が明らかになった段階で、予防原則を適用し、チッソの操業を一旦停止し、因果関係の解明に努めるという予防措置がとられていれば、膨大な被害が防げたのに、それができなかった、ということを意味する。そして、ここで述べられている予防的措置と経済的側面である「費用対効果」との関係は、１９９２年に地球サミットで採択された「リオ宣言」で、予防原則第15原則として、次のように表現されている。

> 環境を保護するため、予防的方策は、各国により、その能力に応じて広く適用されねばならない。深刻な、あるいは不可逆的な被害のおそれがある場合には、完全な科学的確実性の欠如が、環境悪化を防止するための費用対効果の大きな対策を延期する理由として使われてはならない。

ところが、この点に関して、丸山は日本政府の「予防原則の骨抜き」を批判する。というのも、「日本政府がリオ宣言を批准して成立した環境基本法は、その第4条において「環境の保全は、……科学的知見の充実の下に環境の保全上の支障が未然に防がれることを旨として、行われなければならない」と述べることによって、予防原則の核心部分をはぐらかしている」からだというのだ。すなわち、「リオ宣言」では、「科学的確実性の欠如」と「予防的対策の不履行」が問題にされているのに対して、１９９３年に制定された日本の「環境基本法」では、「科学的知見の充実」と「環境保全上の支障の予防」の関係に置き換えられているというのだ。

ということは、ここで、予防原則と科学的知見の確実性及び不確実性との関係が、明確に理解されねばならないことが明らかになってきたといえるだろう。いったいここで、「科学的知見の不確実性」とは何を意味しているのだろうか。

(2)　予防原則と科学的知見の関係

２０００年にＥＵの委員会で定められた予防原則において、この両者の関係は、きわめて明瞭に理解しうる内容になっている。「リオ宣言」で述べられている「科学的確実性の欠如」についてＥＵ通達の5・1・3において、「科学的不確実性は、通常、科学的方法の5つの特質から生じる。すなわち、選択される変数、行われる測定方法、採られるサンプル、利用されるモデル及び使用される因果関係である」と規定されている。さらに、6・1で述べられている予防原則適用の指針にあって、「予防原則に基づくアプローチの実施は、できる限り包括的な科学的リスク評価から始めるべきであり、可能であれば、この評価のあらゆる段階において、科学的不確実性の度合いを確認すべきである」とされている。ということは、科学的不確実性とは、つねに、最大限で包括的な科学的リスク評価と突き合わせられるなかで、その不確実性の度合いがつねに、その段階、段階において、もっとも科学的で客観的データとして確認され続けなければならない、ということを意味するのだ。そして、この確実性の増大という指針にそくして、いったん取り決められた予防措置さえ、新たな科学的データにそって、変更せねばならないとする科学的知見の客観性に基準を合わせた、予防原則の適用であることが示されている。このことは、6・3・5では、「かかる措置は、新たな発見に照らして、特定の期限までに、改正されたり、又、廃止されたりされなければならない可能性もある」と明確に表現されている。

ということは、予防原則の適用は、包括的な科学的リスク評価からそもそも始まり、一貫して、科学的確実性と不確実性の度合いに科学的判断の照準を合わせることで、科学的因果関係の探究を促進こそすれ、拒否したり、排除したりするのでないことは明らかなのだ。

なお、予防原則の適用に関して、付け加えておかねばならないのは、科学的因果関係の解明の課題は、被害者ではなく、環境悪化を生じさせている企業の側の課題とされていることだ（EU通達、6・4「立証責任」を参照）。

2　予防原則の原発事故への適用の是非

一ノ瀬正樹は、『放射能問題に立ち向かう哲学』[*4]の中で、以上の予防原則を原発事故へ適用することの是非について論じている。そこでの彼の主張は、「事故が勃発した当初、福島第一原発周辺の地域に関して、多くの人々が「予防原則」的な方針を採ることを訴えた。（…）事故直後の、放射性物質が急激に大量に飛び散っていたときには正しい考え方であった。」（163頁）しかし、事故発生後2年近く経過した現時点（当書物の出版時からみて）において「「予防原則」の適用継続は、被害の実態に比して、かえって逆の弊害をもたらす結果になっている」（164頁）としている。この判断が何に依拠しているか考えるさい、一ノ瀬がそもそも「予防原則」をどのように捉えているか、明らかにされねばならない。

彼は、「基本的な発想として、「予防原則」というのは、確率込みの方針、それは「期待効用（expected utility）」を利用した意思決定に基づくものだが、それを排して、直ちに一律に予防措置行為を遂行すべし、という考え方といってよいだろう」（１５６頁および次頁）と捉えている。他方、彼は、標宣男のテキストを引用し、「予防原則により規制しようとするリスク（target risk：目標リスク）に対し、予防原則そのものが原因となって予期しないリスク（countervailing risks：対抗リスク）を生じさせるかもしれない。医学において意図しない副作用が調べられているように、公衆の健康や環境を守る為の予防的な措置は対抗リスクについて十分解析される必要が有る（標 2003, p. 104）。」（１５９頁）として、予防原則適用に含まれる「リスク・トレイドオフ解析」を介した「確率論的完全評価」の介在を指摘し、こうして彼は、次のように結論づける。

「予防原則」は、実は、そのまま意思決定の基準指針となるのではなく、その適用を決定する前に、リスク、ひいては、確率を考慮した分析をしなければならないということである。換言すれば、「期待効用」のような、確率概念を媒介した意思決定方針とは異なる立場から、「深刻な危険」に重きを置く形で提起された「予防原則」の考え方は、実はそうしたもともとの意義に相違して、適用可能性あるいは実行可能性を具体的に考えていくと、結局再び確率概念に依拠せざるをえない、ということにほかならない。（160頁）

この論述に対して、幾つか疑問点が生じてくる。

(1) そもそも、「確率込みの方針を排して一律に予防措置を遂行すべし」とする一ノ瀬自身の予防原則の理解そのものが問われなければならない。上に述べたように、EUの通達にみられる予防原則の適用は、「確率込みの方針」を排することはないどころか、科学的知見、確率論的完全評価、リスク評価、またつねに新たな科学的評価を前提にして初めて実施されているからである。

(2) この一ノ瀬の予防原則の理解は、原発事故の初期段階において予防原則が適用されても、その2年後には、適用に対して否定的である彼の見解に深く結びついている。というのも、「闇雲に、データ評価なしにとにかく避難するべし」という捉え方で予防原則を考えるからこそ、事故2年後の段階で、同じように理解された予防原則を当てはめるのは、不適切であるとする判断がなされているからだ。つまり、あくまでも彼の理解する本来的な意味での予防原則には、「確率的評価」は含まれていないのだ。このことから、彼は、具体的に、「年間1ミリシーベルト」という低線量被曝の基準値を予防原則の対策基準として規定しつづけるのは、予防原則の適用として不適切であるだけでなく、有害な結果をもたらすと主張するのである。（154頁以降を参照）

(3)　他方、科学的評価から出発して、科学的不確実性と確実性の境界線をつねに視野にいれつつ、リスク評価、リスク管理を一貫しようとするＥＵ委員会における予防原則ほど、科学的確率的評価に根ざす原則が今現在、どこにみられるというのだろうか。原発事故後2年を経た今、予防原則に代わる、原則は見受けられない。その意味で、一ノ瀬の言及する影浦の論文で、「「予防原則」が「国際的な共通了解事項」と説明されている」（164頁）とされているのは、良く理解できる。ところが、一ノ瀬は、これを「事実誤認」（165頁）として退けているのだが、何の事実の誤認であるのか、彼は明確に示していない。

(4)　予防原則適用の有害性について論じる一ノ瀬の次のような考察には、因果関係をめぐる問題点が浮上してくる。

しかし、いずれにせよ、今回の避難行動に限っていえば、自殺や死亡、精神的不安病状の増大・増加は事実である。それはまさしく「予防原則」が牙をむいてしまう、すなわちきわめて重大な被害を招いてしまう、一面である。（177頁）

原発事故直後に、予防原則が適用されるのは、当然であるとされるのは、発災時、必要なデータが揃わず、大きな被害が想定されたからである。その後次第に、線量が測定され、科学的データがととのってきた段階で、「年間1ミリシーベルトの基準」が設定されることになった。この過程で、科学的評価ならびにリスクの評価がなされ、予防原則が一貫して適用されてきたかどうか、それら評価の全過程が示されていない以上、判断のしようはない。

ところで、避難行動による自殺等の被害について考えるとき、はたして、予防原則を適用したから、これらの被害が生じたとする因果関係の考察は、正当といえるだろうか。予防原則を適用するということは、徹底した科学的評価によって予防措置を実施することであり、新たな科学的評価が生じれば、それに応じて、対策を変更していくことを意味している。このとき、科学的評価と「リスク・トレイドオフ解析」が予防原則適用の基礎的な基準になっているのである。

このことと、避難行動による被害とを直接、因果関係で結びつけることはできない。予防原則の適用は、科学的データとリスク評価の全体を前提にして、為政者、政治家が決断するのであって、それによる避難指示が下されているのである。しかし、それでも、その避難指示に従うか、従わないかは、まったく個人の自由であると、被害者にいうことはできない。そもそもこのような苦渋の選択を強要したのは原発事故である、という根本的な因果関係が見失われてはならない。この第一の根本的な因果関係が、避難か避難せずか、という選択とそれによる結果（第二の因果関係）を導くことになっているのである。避難した後の自殺などの否定的結果と、避難によって被曝の被害から免れるという肯定的結果をデータとして集め、因果関係を見極めようとすることは、原発事故に拠って、避難するかどうかという選択に迫られるという第一の因果関係と、避難に拠る否定的、ないし肯定的結果という第二の因果関係を時間軸上で線引きする、つまり境界線を引くことを意味する。はたして、このように時間軸上で因果関係を線引きすることによって、恣意的に二分することは、事故の現実の展開にそくした因果関係の考察といえるのだろうか。

２０１４年8月27日の新聞報道によると、「福島第一原発の事故後、２０１１年6月、計画的避難区域〔年間20ミリシーベルトに達する恐れがある地域〕に指定された川俣町から福島市に避難した渡辺はま子さん〔当時58歳〕の自殺をめぐる損害賠償訴訟で、26日の福島地裁判決は、「原発事故がうつ状態と自殺の原因になった」と認定」と報ぜられた。このとき、「原発事故が自殺の原因とする因果関係」を認めることは、原発事故が避難／避難せずの選択を強制した第一の因果関係により、この避難区域から避難することによって自殺が結果した、あるいは避難しなければ自殺せずにすんだかもしれない、という避難／避難せずの選択による結果としての第二の因果関係とが、連接しつつ、大きな因果関係として総合的に捉えていることを意味する。そうとしてしか理解できない理由は、第一の因果関係が存在しなければ、第二の因果関係の問いは、そもそも成立しえなかったからだ。原発事故がなければ、避難／避難せずの選択の問いそのものが生じることがなかったからである。

ところが、一ノ瀬は、あえて第一の因果関係と第二の因果関係を分離して、別個に考察しようとする。時間軸上の物の運動の因果関係を考える場合、時間はたえず過去に流れていく以上、現実の因果関係は、つねに現在にその結果を残すという在り方でしか考えられないので、時間軸にそくして、時間を区切り、第一の因果関係、第二の因果関係と独立して考えることができるかもしれない。しかし、「原発事故さえなければ」という根本原因への思いは、避難を余儀なくされた人々の心に、当然だが、過ぎ去った因果関係としてではなく、避難するか／しないかの選択のさい、いまなお、根本的原因として働き続けるといわねばならない。人の心は、偶然にまかされることのない歴史的記憶を宿し、それが生きる動機につねに働きかけている。

3 「道徳のディレンマ」？

一ノ瀬の論ずる「道徳のディレンマ」は、果たして、真のディレンマといえるのだろうか。彼は、原発事故以後の道徳のディレンマの例として、自分の子供の健康に留意して放射線被災地の生産物を忌避することが、当の被災地の産業復興を妨げることになる場合をあげる。子供に対する善意が、被災地にとっての、悪意とはいわずとも、さらなる被害を意味する、つまり同一の行動が一方にとっての善であっても他方にとっての悪となってしまい、道徳的ディレンマに陥るというのだ。なんとなく、「通りやすい議論」に聞こえるが、はたして本当に避けることのできないディレンマといえるのだろうか。

この主張に対して、これまで述べられてきた「予防原則の適用」が遂行されれば、この「道徳のディレンマ」は、ディレンマではないことが、次のように判明することになる。

(1)　そもそも、その社会で、「予防原則が正しく適用される」ということは、そのつどの予防措置（対策）が、客観的な科学的データにそくするだけでなく、それに加えて、「リスク評価、リスク管理、リスク情報交換からなるリスク分析への構造的アプローチの枠組みにおいて」（ＥＵ委員会通達、要約の４参照）採られた予防措置であることが前提にされていることを意味している。いいかえると、その社会で生きる人々が、政府によって決断される予防対策は、その時点での科学的確実性／不確実性の「程度」を科学的評価に拠って決断された、予防原則の適用に則った予防対策であることを信用し、信頼していることを意味するのだ。

(2)　しかし、この予防原則の適用における政府の政治的決断を信頼するということは、どの社会でも実現していることではない。その真逆の例として、水俣病事件における政治的決断の例をあげなければならないだろう。ＥＵ委員会の通達は、この問題をしっかり把握しており、政策決定について明白に次のように規定している。

政策決定者は、入手可能な科学的情報の評価の結果に伴う不確実性の程度について認識することが必要である。社会にとってリスクの「許容可能な」水準がいかなるものかを判断することは、何よりも「政治」の責任である。…意思決定手続きは、透明度が高くあるべきであり、できる限り早期に、合理的に可能な範囲で、すべての利害関係者を関与させるべきである。（要約の5）

ここで特に重要であるのは、政府の意思決定手続きのさい、手続きそのものの透明性、つまり、政府が、科学的確実性／不確実性の程度についてどのようなデータのもとに、どのようなリスク評価を政策決定の材料にしたのか、その意思決定手続きが、その政策に関わるすべての人々に「透明」でなければならないとしていることだ。しかも、その手続きに「すべての利害関係者」ができるだけ早く関与せねばならない。このようなあるべき姿としての予防原則の適用の在り方を、これまでなされてきた、日本における環境問題に対処する場合の意思決定の在り方と対置させることで、予防原則の適用のために必要とされる「社会そのものの科学的知見にたいする成熟度」ということを継続する箇所で述べることにしよう。

(3) このような社会が実現している場合、産地がどこであろうと、一定の基準値以内であると計測済みの産物を購入して食するのは、被災地から離れたところで生活する人であれ、また福島の被災地に近く住む人であれ、同じく基準値内の産物を購入して食するはずである。つまり、このような場合には、科学的評価に則って生活行動を方向づけることが、自明とされ、自分の子供の健康について考え、被災地の子供の健康について考えることは、同じ科学的に規定された基準値において考えることとして同一のことであり、自分の食する食物と被災地の人々の食する食物に違いはないはずだ。もちろん、政府は、そのような食物がいつでも、どこでも供給できるよう、経済的、あるいは流通上の援助が、とりわけ被災地に向けてなされるのでなければならない。ということは、自分の子供の健康を考えて、食物を購入することが、同時に被災地で生産された食物を忌避することには、つながらないのだ。被災地の人であれ、被災地から離れて生活する人であれ、基準値外の作物は、市場に出回らないように規制され、いつどこであれ、基準値内の食物が売買されるように努力されており、その努力の社会的信頼性が確保されているからである。

これに対して、「それはたんなる建前で、現に風評被害がでているではないか」と風評被害の現実を指摘する人もいるだろう。しかし、それは政府のとる予防政策に対する不信、つまり「予防原則がただしく適用されていない」という不信感の表現に他ならない。科学的データに対する対処の仕方に不慣れであり、その不慣れなことが、政治家不信につながっているのだ。中西準子は『原発事故と放射線のリスク学』のなかで、除染に関する80回以上の説明会にさいして、国や行政に対する大きな不信から、科学の専門家による科学的評価や科学的説明を、まったく受け入れまいとする被災者の態度について、幾重にもわたり論じている。*5

4 感覚と言語、数量化の呪縛

(1) では、ここで一ノ瀬の「道徳のディレンマ」という考え方の背景に働いている「「ソライティーズ・パラドックス」の現実化」という哲学上の見解について考えてみよう。「ソライティーズ・パラドックス」というのは、元来、言語哲学上の問題として扱われ、ギリシャ語の sorites（堆積物の）に由来するパラドックスとされ、たとえば、「砂山の砂の一粒一粒をとりのぞいていって、一粒の砂が残ったとき、それをなお、砂山と呼べるか」という問いに表現されているとされる。逆にいえば、一粒一粒砂粒を集めてきて、いつになったら砂山といえるのか、という問いとも表現できる。ヒュームにおいては、同様のパラドックスが、次のような例に指摘されている。たとえば、黄色から橙そして赤へと漸次的に変化する帯状の色の広がりが見えるとき、隣り合う色同士は、ほとんど違いはみえない。しかし、どこかで、区切りをつけるのでなければ、黄色と橙、橙と赤が一つのものになってしまい、「黄色は赤だ」ということになってしまう。とすれば、いったい、感覚上、違いが感じられないのに、私たちは、いったいどうやって感じられない違いに、区切りをつけ、ここまでは、黄色、ここからは橙、ここから赤と見ているのか、という問いとしても表現されるのだ。

これは、感覚と言語、ないし、知覚と言語の関係の問いとして理解することもできる。一ノ瀬は、このパラドックスを人間の言語表現一般にあてはめ、「日常言語」の曖昧さ、「曖昧な述語」の本性を見極め、一定の低線量被曝が「安全である、あるいは、危険である」という言葉の使い方に、そもそも始めから「曖昧さ」がつきまとうことを自覚すべきであると主張する。しかし、曖昧とはいいながらも、私たちは、自分たちの感覚に相応する言葉をあてはめ、色とか、音とか、触覚で感じる触感のそれぞれの感覚の性質を感じ分けつつ、言葉にしている。いくら曖昧とはいっても、見えている色の感覚質と聞こえている音の感覚質とは、ちゃんと感じ分けられる。とりわけ、重要な随意運動、すなわちわざと他人の足を踏みつけるときの自分の身体の動きに伴う運動感覚と、電車の急ブレーキで不本意ながら他人の足を踏みつけてしまったときの不随意運動のときの運動感覚の区別は、しっかりついているし、つかなければ行動の責任を問われる社会生活はおくれず、この区別は、いわば社会倫理の基礎といえる。この基礎が基礎といえるのは、不随意運動のとき、身体の動きが先に起こって、それをその直後に感じたという時間の前後の順序が、間違いないものとして、直接、直観されているからである。

このように、感覚と言語の関係をみてみると、「ソライティーズ・パラドックス」という、「数量による表現」と「感覚質の違いや言葉の意味の違い」とを関係づけようとする論理的分析は、日常言語を使用するときの私たちの現実的生活の実感からほど遠い、哲学者の捏造したパラドックスにしか聞こえない。この抽象的捏造性の特性は、不随意運動の運動感覚のさい、運動が先に起こり、それが直後に意識されるという明確な時間の前後関係の直観と、水平に引かれた時間軸上に $-t_1$, t_0, $+t_1$ と記して、過去と今と未来を表現する計測される時間と対比させるとき、明瞭になる。時間の前後関係の直接的直観において、「先立った過去と意識される今」との関係が成立するのに対して、$-t_1$ が過去だとして、$-t_1$ と t_0 との間にある $-t_{0.5}$ も当然、過去であり、さらにその半分の $-t_{0.25}$ も過去ということになり、無限に切り刻んでいっても、永久に過去の始まりを特定できないことも明らかである。いくら切り刻み、量的規定を厳密にしていっても、「過去、今、未来」という時間の意味の質的規定には届かないのだ。

ということは、実は「ソライティーズ・パラドックス」とは、この質的規定と量的規定の違いを無視して、すべての質的規定は、量的規定に対応しており、それに還元されるはずだとする盲信を前提にし、その盲信を忘却しつつ、しかもその盲信にそくして論証をすすめることからする「論理的自己破綻」の別の表現に他ならない。

一ノ瀬は、この「ソライティーズ・パラドックス」を前にして、「ゲシュタルト変換」という解決法に目を向け、「真理である度合いが突然、一から〇に変わるのではなく、おそらく0.5を下回ったときに「ゲシュタルト変換」が生じるという辺りが妥当な理解であろう」（239頁）として、質の変換であるゲシュタルト変換を、あくまでも量的規定に還元して理解しようとする。ゲシュタルト心理学の原理的出発点になった「仮現運動」の運動視覚の質的生起には、もちろん、光点が点滅するときの時間間隔の量的規定が重要な役割を果たしてはいるが、運動が運動（ゲシュタルト）として見えるためには、「受動的志向性としての過去把持」が前提にされなければならない必然性が一ノ瀬の議論では、見失われているといわなければならない。[*6]

(2)「ソライティーズ・パラドックス」の解決策の一つとして、「集団的合意」によって、述語の意味を「各人の考え方の分布の期待値によって、その述語の意味を確率的に決める」という、言葉の意味の定義を客観的に決めるという方法がある。この場合、まさに日常言語の使用にあたって、感覚と言語を集団で突き合わせるという、私たちの言語使用の現実により近い方法といえるだろう。この方向に考察を深めるとき、発達心理学の視点から、感覚と言語使用の相互関係とその発達が、研究課題とされることになる。そのさい重要であるのは、当然のことながら、「感覚と言語」は、個体としての人間を社会的存在としての人間から分離して、個体における感覚と言語の発達と考えることはできず、本質的に、人間と人間の関係性をとおしてしか、換言すれば、間主観的にしか考察不可能であることだ。[*7]

この「感覚と言語の間主観的発達（発生）」を現象学の分析にもたらすことを目指しているのが、フッサールの発生的現象学である。そのさい、フッサールの指摘する「ヨーロッパの諸学問の危機」に潜む「生活世界の数学化」にこそ、上に述べられた、すべてを量的規定に還元しようとする自然主義に対する批判の核心が明らかにされている。「生活世界」とは、ドイツ語の Lebenswelt にあたるが、Leben の意味する「生（命）」にしろ「生活」にしろ、また Welt にあたる「世界」にしろ、たんなる自然科学の研究対象という意味にとどまらない、精神の側面をあわせもっている。生活世界は、質的規定や意味づけ、価値づけや、自然の因果ではない「精神の動機」なしには語りえず、哲学の対象にもなりえない。

とりわけ生活世界の概念が、今回のテーマである環境倫理の問題において重要な意味合いをもつのは、たとえば上記の「予防原則の適用」を最終的に決断するのが、諸倫理委員会の議論を踏まえた、私たちの生活世界をともに生きる政治家の決断であることにある。倫理委員会において、科学的データの収集とリスク評価、リスク管理等の総合的判断が求められるが、そのさい果たす哲学者の役割が明確にされることで、政治的決断の内実が、すべての国民に客観的に共有しうる、透明性のある判断であるよう求められることになる。

5 環境倫理をめぐる倫理委員会における哲学者の役割

これまで予防原則の適用にあたって、最終的には科学上のデータ、リスク評価、リスク管理やリスク情報交換などをとおして、総合的に環境保護の政策を決断するのは、政治家の責任においてであることが示されてきた。そのさい、多くの諸国において政治家にとっての諮問機関として倫理委員会や諸委員会が設けられることになる。

(1)　日本での環境問題解決に向けた委員会における哲学者の役割

まず、哲学者、桑子敏雄の「環境問題における意思決定と合意形成」（2009年東洋大学開催、国際シンポジウム『環境哲学の可能性～環境問題の解決に向けて～』における発表）という発表論文にそくして、この点に関する重要な論点を指摘してみたい。桑子はこれまでの環境問題に関する多くの会議において哲学者として司会者の役割を果たしてきたが、その意義を主に次の三点にまとめている。

①　まず第一に、具体的な環境保全や社会基盤整備の現場で、当事者間の利害関係をめぐる話し合いにおいて調整役として活動すること。つまり、たとえばダム建設にあたり、水没する村落の住民は、それまでの伝統的生活の基盤全体が失われる危機に瀕して、事業の反対派になるケースが多く、他方、ダム建設にあたって、さまざまな利益をえる地域住民は、事業の賛成派となる。この両派は、事業が居住・生活空間に直接関わることから、たんに言葉で説明できる合理的説明では届かない、それまで直接反省の対象になることのなかった「故郷と結びついた自分たちの深い情動」に関わることになり、住民どうしの話し合いは、隠れた感情が渦巻く、仲介する人々なしには、行われ難いものとなる。さらにこの当事者には、行政担当者が属しており、それらの公共事業を推進し、その財源を税金から調

達し、予算を組み、それだけでなく、事業にかかわる法案や条例案を作り、それにそくして、事業をすすめようとする。第三の当事者とされるのは、いわゆる専門家とされる学者のグループである。その専門家は、法律の専門家であったり、事業で活用される様々な技術の専門家である当該領域の科学者だったりする。さらに第四の当事者は、営利を目的とする複数の企業のグループだ。企業は、行政による条例の範囲で、営利活動の自由が与えられ、同時に企業間の競争もあり、また談合の可能性といった現実問題がみられる。このような、様々に異なった利害が衝突する事業の遂行にあたって、利害調整をし、一つの明確な方向性を定めるのは容易なことではなく、そのさい哲学者の役割は、桑子によると、「感性的判断と特定の合理的判断の対立・紛争を解決するための思想と方法を提案し、また、実践することが哲学に求められている」とされている。

② 次に挙がられる二番目の項目は、行政職員の研修における講義や講演会にあって、司会者の役割を果たすこと、とされる。今述べたように、行政担当者は、立法、行政にわたる大きな影響力をもっている。適切な法案や条例案、さらに予算の策定や行政手続にあたって、専門家の意見を聞き、企業主の選定など、すべての決定にあたり、行政職員は、さまざまの研修をうけ、決定能力を形成していかなければならない。そのさい哲学者が、行政担当者や専門家、企業主などの間に立って、議論をまとめていく司会者の役割を果たす。なぜ、哲学者であるかといえば、哲学者は、一定の基礎的な知識を仲立ちにして、三者間の問題にしている論点を、三者すべての間の共通理解にもたらすことがで

きるような、しかも三者の利害関係から自由に距離を取り、しっかりした本当のコミュニケーションが成立するように、討論を導く能力をもっているからだ、というのだ。

③　三つめの項目は、国や地方自治体の様々な委員会で立てられた基本計画と基本方針を、住民や市民との意見交換会において的確に呈示し、住民や市民の意見を反映させる話し合いの進行役をつとめ、場合によっては、個々の市民・市民団体やＮＰＯと協働して活動し、行政への提案を行う、とするものである。

桑子は、具体例として、佐賀県や三重県のダム建設問題、島根県や新潟県の河川改修問題、宮崎県の海岸侵食対策などの環境問題解決に当たって、以上、三点に関わる積極的な実践活動の経験を報告している。そのさい最も重要な課題であり、また目標とされるのが、論文の表題にもある「合意形成」であり、この合意形成にいたるまでのプロセスにおける哲学者の役割が以下三点にわたり、論ぜられている。

第一に環境の変化を直接被る当事者である住民や市民の、住居空間に対する特別の思い入れを重視せねばならないことだ。これは当然ともいえることだが、その地域で長い間つちかわれてきた、それぞれの地域で展開されてきた特有の生活様式や、周りの人々との生活習慣などのもつ、その地域に固有な文化価値の重視といわれるものだ。このことが十分に考慮されずに、短期間の経済効果のみ重視された事業は、その地域に根ざした事業として展開しえないということなのである。となると、ここで求められる哲学の課題は、このような生活習慣や生活空間、フッサールのいう「生活世界」について考察しうるような哲学であって初めて、社会的合意形成のプロセスに寄与しうるということを意味している。

第二に行政上、首尾一貫した合法性に基づいて事業を推進する行政担当者は、同時に法案や条例案をも作成していることから、真の意味の「三権分立」が機能しているとは言えない、という桑子の指摘がある。簡単にいえば、行政当局が行政業務をしやすいような法案や条例案を作成すれば、つまり事業を遂行するために好きなように法案や条例案を作る可能性がでてくるということだ。とりわけ、そのさい行政担当者は、アドバイザーとして法律や技術の専門家の意見を参考にしており、事業を正当化するための御用学者を審議会や委員会に参加させ、御用会議を遂行する傾向も強く見られることも、見落とされてはならない。ここで問われるのは、専門家の情報やデータの客観性が要請され、誰にでも獲得されうる情報獲得の平等性が確保されねばならないことである。

また、さらに、合意形成のさいもっとも重要であるのは、本当の対話、コミュニケーションの促進である。ところが、社会的合意形成とはいっても、桑子自身の発言にみられるように、「反対意見が沈静化し、あるいは、厳しく批判していた人々が開かれた話し合いの場に出席しなくなり、(…)反対意見が提出されなくなったというのが合意の達成を示す一つの判断根拠であった」とするのが、実情であるとされる。十分なコミュニケーションをとおしての真の合意形成は、あくまでも課題とされているというのが現状なのである。反対意見が沈静化する、あるいは批判する人が話し合いの場に出席しなくなるには、多く理由があることだろう。話しても、相手はなにも分かってくれない、聞く耳をもたない、専門家の科学技術上の情報やデータを述べられても皆目見当がつかないとか、どうせ話してもむだだ、といった真のコミュニケーションが成立しないことが、話し合いから参加者を遠ざけ、話し合いに残った人の意見が、合意といったことになってしまうというのが、現実であるというのだ。このような現実が生じる理由は、まず、自分の故郷との結びつきといった情動の根底に横たわる事柄について、また基本的人権に属する土地の所有権、財産権、国家賠償請求権など、個々人の人権について言葉にする経験を、当事者としての住民を含め、ほとんどの日本人が持ち合わせていないことにある。日本の学校教育において、自分の感情を言葉にし、社会生活において、人間の生きる権利として主張するといった学習は、ほとんどなされていない。それは、個人の自由と責任や社会に対する批判のむけ方、そもそも批判することそのものが、教育されていないのと同様なのである。

(2)　ドイツ人哲学者の環境問題解決への関わり

現代、緊急とされる環境問題には、地球温暖化、生物多様性、（放射性廃棄物の処理と保管の問題も含めた）放射能汚染などの問題がある。ドイツは、EUヨーロッパ連合をフランスとともに主導する有力な国家とされている。福島第一原発事故後、ベルリン他、主要な都市で25万人の反原発デモが起こり、南西部バーデン・ビュルテンベルク州の選挙でも、反原発を主張する緑の党が圧勝し、ドイツ政府は、原子力政策の修正を迫られ、識者からなる倫理委員会（構成メンバーは、経済学者、法学者、自然科学者、経済界の要人、神学者、哲学者等々）を設け、エネルギー政策の方向性を決定するにさいしての助言を求め、最終的に脱原発の政治的決断がなされた。

このドイツを訪ね、環境問題解決にあたっての哲学者の果たす役割についてマールブルグ大学哲学教授P・ヤーニッヒとのインタビューが行われた[*8]。そこで明らかになった諸点は、以下のとおりである。

① まず第一点は、ドイツでは、哲学という学問のもつ特性として、他の諸学問（自然科学と精神科学）を専門の枠を超えて考察できる統合する能力をもつことがあげられる。たとえば、周知の「生物多様性」の問題、すなわち私たちの環境に生息する多種多様な生物の存在そのものにそれ固有の価値があり、ダム建設や、工業用地を獲得するためにその環境が破壊されてはならないとする環境問題がある。この問題の解決にあたって、ヤーニッヒは、諸学問（この場合、生物学、法学、経済学など）の間の通訳の役割を哲学が果たすというのだ。ここで通訳というのは、たとえば、生物多様性の問題で中心になる生物学において、遺伝子生物学と従来の形態や進化を中心にする古典的生物学のあいだの通訳を哲学者がしなければならないというのである。ヤーニッヒは、今日では生物学の内部で専門化がすすみ、もはや互いに理解できなくなっていると指摘する。たとえば、環境に関する委員会で、生物

の多様性について大きな争いがあり、幾つかの点で意見を一致させることができないことがある。しかし、それは生物学者に哲学者が対立するというものではなく、分子遺伝生物学者が他のすべての生物学者に対立するという対立である。分子遺伝学者は、私たちはそもそも遺伝子において起こること以外もはや知る必要がないと主張し、ただ遺伝的な側面、つまり分子だけが興味を引くのだと主張する。それに対して、ベルンの植物園の園長は、真っ向から批判を展開し、分子遺伝学者が、もし、遠心分離器に入れるものが一体何であるかを前もって知っているのでなければ、そもそも遺伝学の研究を展開できない。自然はミキサーにかけられ遠心分離器によって分離される。しかし、その何であるかは、それらの形態学や進化や発達などをとおしてしか知りようがないと主張するのだ。

②　では、このような生物学の分野間の見解の相違において、哲学者がどのようにして通訳の役割を果たすことができるのだろうか。通訳という以上、まず第一に、それらの専門分野で使われている用語（遺伝子、形態、進化、発達）を正しく理解できていなければならない。たとえば、「遠心分離器に入れるとき、特定の植物や動物の細胞であることが分かった上で、入れている」と、形態生物学者が、分子遺伝学者を批判するとき、哲学者は、その批判の意味を分子生物学者に次のように説明できるだろう。分子遺伝学者はそもそも、植物と動物の意味の区別をして、それらの細胞を遠心分離器にかけ、遺伝子の成り立ちや、組み合わせや組み換えが明らかにされ、どのような性質をもつ植物や動物になるのか、出発点で前提にした意味の区別に立ち戻り、遺伝子の働きを研究していると分子遺伝

学者の研究方法をはっきり呈示することができる。つまり、先に述べたように、時間の問題にたとえれば、直線で記載された客観的時間軸上のどこを探しても、「今、過去、未来の意味」は見つからず、日常生活で理解している「現在、過去、未来」の意味を直線上に当てはめ、$-t$, t_0, $+t$ というように切り刻んでいるだけであることを、分子遺伝学者につきつけうるのでなければならない。

次に分子遺伝研究は、本来、いかなる意味をも含まない自然現象である客観的物理量（タンパク質の結合）の世界と、人間主観（心）による意味づけをとおして成立する意味の世界との本質的な区別、つまり、右に述べた量的規定と質的規定の区別を見落としていることの自覚を促されることになる。分子遺伝学者は、その機械論的自然観に、勝手に動物や植物といった日常言語による意味の区別を持ち込む自己矛盾に気づかなければならない。このような、そもそも自然とは何か、生命とは何かについての共通の意味の理解をお互いに確認することなく、自然科学者や生物学者同士の間の議論は成立しえないのである。また、哲学者が諸学問間に成立する普遍的で客観的な真理を求めるために通訳の役目を果たすことができるのは、いったいどのようにして、この意味づけの世界が成立しているかを、認識論や存在論をとおして、つねに哲学研究の課題としているからなのである。*9

③ ドイツにおいて、環境問題について語るとき、科学技術の専門家からなる「技術的影響評価とシステム分析研究所」の存在が大きな意味をもっている。この研究所は、ヤーニッヒの弟子である哲学者が所長である。この研究所の特質は、完全な政治的中立性であり、どのような政党であれ、どの

ような団体や個人であれ、一般市民がいつでも科学的情報やデータを取得できるところにある。言ってみれば、一般市民が科学的情報やデータと関わることが日常化しており、科学的知識は、社会の共有財産とされていることだ。また、この研究所の提供しうる科学的情報とデータが、具体的に何を意味するかといえば、「もし人々がある特定の目的を定めるとすると、そうするためには何をするべきか」、また、「どういった技術を活用するべきかを、ある特定の技術の内容（その技術領域の専門家が呈示する）と、その技術を活用したときの環境に及ぼす影響、他の技術との比較、経済効果等々」を、つまり、「目的遂行のための条件」を、可能な限り詳細に、また的確に指摘するということなのである。

ドイツの日常生活で、ホームセンター（Baumarkt）が大変充実しており、そこで、顧客と専門家のあいだでの相談や助言が頻繁に行われている。ドイツの男性は、家屋内の壁紙や絨毯、電気や水回りまで、できることはすべて道具を使って自分でやり遂げようとするので、それなりの知識や技術が必要であり、技術の活用が身に付いていると同時に、環境に対する配慮もそれだけ高くなるわけである。

④　このような研究所からもたらされる科学的情報とデータに基づき、倫理委員会をへて環境問題の最終決定をするのは、政治家である。しかし、御用学者による結論づけとこのような研究所の違いは、御用学者による委員会の場合、政治家が専門家の見解を受け取る以前に、前もって特定の決断をしていて、その決断と方向性にあった専門家だけを委員会の構成員にしようとするのに対して、この

ような研究所は、当然だが、政府を担う政党だけでなく、すべての政党や政治家、民間の人々に開かれておりいつでも必要な情報を獲得することができることである。しかもこの情報ができるだけ、詳細で的確であることは、先に問題にされた「予防原則の適用」の場合と同様、非常に徹底しており、環境への影響に関しては、たんに自然環境だけでなく、住民や市民などの当事者にとっての精神的影響をも含めて、精神諸科学の見識や当事者の精神状態の記述と数値化への努力にそくして、すべて文章化され、文字にされている。こうして、個々の政治家、さらに行政にあたるものが、最終的に、当事者間の利害関係のどの側面を重視し、どの側面を軽視し、どの点でどんな妥協をしているのかを明確にすることができるのである。ドイツでは、したがって様々な委員会での決断は、当事者間の合意形成によって成立するのではなく、明確にされた客観的データにそくして、どこにおいて妥協点を見出すかによって、成立するといえる。

6 「合意形成／妥協」の相違と「生活世界」の概念に根ざした環境哲学の方向性

これまで明らかにされた、日本での「合意形成」とドイツでの「妥協点を見いだす」という、環境問題解決の目的設定の相違について、再度、考察し、フッサールの「生活世界」の概念にそくして環境哲学の方向性を明らかにしてみたいと思う。

(1)　合意形成か妥協点の模索か？

当事者間の話し合いをとおして、真の「合意」が形成されうるかどうか、当事者間の調整役を務めた哲学者の桑子がいうように、その合意の理想からは遠い現実が示されている。先祖代々受け継がれた村落共同体のその土地への愛着を、たんなる身勝手とか、欲張りとか、私的感情は抑えて、他人のことを考えろとか、いわば形だけの公私の区別をして、基本的人権に属する財産権や国家賠償請求権などの主張や表現を圧迫し、話し合いに出る気持ちを萎えさせてしまうのは、本当の話し合いではなく、対等であるべき人間の間の本当の対話（コミュニケーション）ではない。そこで発せられる反対意見とそこに潜む当然の基本的人権が、まるで頑是ない子供のもつわがままかのようにみなされ、圧迫され、真綿で締め付けられるように感情の暴力が無視されることをとおして、残りものとして生じてくるような「合意」とは、日本人にとっていまだ遠くない昔、江戸時代の「お上からのお達し」に従わざるをえないとする、庶民に対する「押し付け」の別名に他ならない。これに対抗しうるのは、人間の基本的人権を言葉にすることが日常であるような、個人の自由と責任の意識を土台にする、それを国民が当然の権利として活用できる社会的風土を確立することにかかっているといえる。そのためには、「その土地への愛着」といった人間全体にかかわる「思い」をしっかりした哲学に仕上げる必要がある。個々人のもつ、感情や気持ち、欲望や意志などが、だれもが納得できる言葉として表現され、お互い理解できるような文章にまとめられる必要があるのだ。

そのさい人間存在の全体に関わりうる、つまり人間の精神面と身体の面、心と身体の両面から考察できる唯一の学問である哲学の果たす役割は重大だ。哲学は、先にあげた生物学の例におけるように、自然科学内部での通訳の役割を果たせるだけでなく、自然科学と精神科学の間の通訳をとおして、両者を統合しうる学術研究所を統括する能力をもちうる。さらにこの統括は、データを総合的に取りまとめた資料集として具体化され、妥協点をさぐるための、情報の基礎として活用されるのだ。妥協点を見出すためには、情報は透明化され、だれもが考えるための基礎や基盤として活用されるのでなければならない。たとえば脱原発による自然エネルギーや代替エネルギーの推進にあたり、「エネルギー政策研究所」といった中立の、純粋な学術研究所がしっかり設立され、すべての国民に基本資料として提示できるようにしていかなければならないと思う。

(2) 感性と知性との全体的関連についての生活世界の哲学が必要とされること。

フッサールの「生活世界」の概念に根ざす環境哲学を次のように性格づけることができるだろう。

① 各々の文化と伝統を継承する各々の生活世界の内に、先言語的に、すなわち、言語化される以前に生きられている論理を、言語による論理にもたらしうる哲学でなければならないこと。

② 言語と感覚との関係を問い、新たな認識論を展開しうる哲学は、実在論的認知科学による認識

論ではありえず、観念論的立場からカテゴリーの現実への適用に重点を置く認識論でもありえず、感覚内容の意味の生成そのものを解明しうる発生的現象学の哲学でなければならないこと。

③　認知科学の限界と観念論的認識論の射程を示しうる発生的現象学の哲学は、自然科学研究と言語及び概念分析の両者を統合しうる、生活世界に根ざした新たな学問論を呈示しうること。この学問論において、実在論的時間・空間論と観念論的時間・空間論、その両者の起源が、間モナド的コミュニケーションという間主観性の現象学において考察され、超越論的根拠づけが可能になること。こうして、文化的相対主義の根底を突き崩しうる、身体的実在としての人間に依拠する、普遍を求めるフッサールの「理性の目的論」の構想の全体が明らかになること。

④　科学技術による世界観の限界が、「生活世界の数学化」の限界として開示されうること。質的規定を量的規定に還元できないばかりか、そもそも、質的規定と量的規定がそれとしての二元性を獲得する以前の、つまりその生成以前の起源を解明しうるのが、発生的現象学における新たな認識論であり、新たな学問論であること。

⑤　こうして環境問題に関する倫理委員会における哲学に要請される論理学的、認識論的、学問論的及び技術論的特性が明らかにされることで、環境哲学の方向性が明確に呈示されることになること。

以上、「予防原則の適用」の問題に発して、あるべき環境哲学の方向性を明確にすることで、本論を閉じることにしたい。

【註】

＊1 ブリュッセルで2000年2月2日に採択された文章である。邦語訳として、高村ゆかりの翻訳を参照にしながら、ドイツ語の文章からの翻訳で、内容を明らかにしていく。

＊2 丸山徳次「日本における環境問題とその解決の困難さ」『東洋大学「エコ・フィロソフィ」研究 別冊4号』2010年、東洋大学「エコ・フィロソフィ」学際研究イニシアティブ（TIEPh）、44頁参照。

＊3 丸山徳次、同右、45頁。

＊4 一ノ瀬正樹『放射能問題に立ち向かう哲学』筑摩書房、2013年、以下、本書の引用箇所は、（ ）内の数字で示す。

＊5 中西準子『原発事故と放射線のリスク学』日本評論社、2014年、147頁以降を参照。

＊6 一ノ瀬は、この仮現運動の成立を「逆向き因果」で説明しようとするが、因果の方向を逆向きにしようとするとき、残っている運動の起点が過去把持されていなければ、逆向きの方向そのものが成立しないことを見過ごしている。一ノ瀬正樹『功利主義と分析哲学——経験論哲学入門』放送大学教育振興会、2010年、266頁及び次頁参照。なお、同趣の批判について、山口一郎『人を生かす倫理——フッサール発生的倫理学の構築』知泉書館、2008年、46—49頁を参照。

＊7 D・N・スターンの言う「個体的発達心理学から間主観的発達心理学への転換」を参照。D・N・スターン『乳児の対人世界　理論編』神庭靖子・神庭重信訳、岩崎学術出版社、1989年。

＊8 東洋大学「エコ・フィロソフィ」学術研究の枠内で2008年に筆者によって行われたP・ヤーニッ

ヒ教授へのインタビューの内容については『東洋大学「エコ・フィロソフィ」研究 第3号』に納められた筆者の「環境哲学の可能性と現実（1）」を参照。

＊9　一ノ瀬の主張する「原発事故・放射能問題」を考えるさいの「長期的視点」としての「形而上学的アプローチ」と短期的視点としての「認識論的アプローチ」の区別は、形而上学のいわゆる「超時間性、超空間性」という特性、並びに、認識論のもつ、あらゆる時間に妥当する普遍的遍時間性の特性にも妥当し得ない、不可解な区別としてしか捉えようがないと思われる。とりわけ、「予防原則の適用」を彼の主張する「形而上学的アプローチ」と同一視する見解は、科学的・認識論的アプローチ」に徹する「予防原則の適用」の原理からして、到底受け入れられる見解とはいえない。一ノ瀬正樹「被害・リスク・予防、そして合理性」78頁、90頁以降、及び１０３頁を参照。

コラム④

福島原発告発団の報告

武藤類子

福島原発事故から3年半、私が住む福島県阿武隈山系の里山は今も変わらずに美しい。四季折々の雑木林は、早春のパステルカラーの薄緑から真夏の深緑、秋の陽に映える紅葉、葉が落ちた木々の枝に積もる真っ白な雪とその色彩を変える。夜には一面に広がる星や眩い満月が漆黒の空に光り輝く。たくさんの植物、たくさんの小さき生き物たち、与えられる森の恵み……。しかし、そこには放射性物質が厳然とある。そこは被曝後の世界なのだ。

2011年3月に起きた東京電力福島第一原発事故が、私たち人類にそして他の生き物たちに及ぼした影響は計り知れない。この出来事を私たちは、どう考えたら良いのだろう。何を学び、どう変わる必要があるのだろう。

事故から3年半経ってなお、何一つ解決せず、被害は形を変えてむしろ拡大している。福島の今を少し紹介する。

漏れ続ける汚染水

原発サイトでは汚染水漏洩問題が深刻さを増すばかりだ。そもそも福島原発は海岸段丘を20メートル掘り下げて造られたため、水脈が破断され、事故以前から1日1000トンに近い地下水を井戸で汲み上げ海へ放出していた。しかし、地震と津波によって井戸が壊れたため、水は建屋に大量に流れ込み溶け落ちた核燃料と接触し、高濃度の汚染水を作りだした。汚染水対策として最初に、4つの事故炉を粘土で囲ってしまうスラリー壁が検討され、国も認めた。しかし、1000億円という予算が債務超過に近づいたと判断され株価が下がることになる、と怖れた東電は計画を撤回し、海側だけに遮水壁を作った。当然ながら流れ込み続ける汚染水は遮水壁を越え海に流れ出た。さらに汚染水を貯める為に応急に造られたボルト締めのタンクからは、高濃度の汚染水が地面に漏れ、汚染を広げた。タンクの設備や管理の不備、一部に中古タンクが使われていたことも後に発覚した。放射性物質の海への漏洩は、京という単位の天文学的な数字である。対策としての「地下水バイパス」では総量規制のないままに汚染水が流されている。2号機地下トレンチの凍結止水は失敗し、方針転換をしたという報道があった。凍土遮水壁そのものの成功も危ぶまれている。初動で費用を出し惜しんだため、現在手の施しようがなくなっている状態だと思う。

昨年の8月に行われた3号機の瓦礫片付けの際に飛散した放射性物質が、40キロメートル離れた南相馬市の稲を汚染していたことが1年後に発覚した。東電の発表によれば今も4つの事故炉からは毎時1000万ベクレルの放射性物質が空気中に放出されている。1号機のカバーを外しての瓦礫撤去による飛散が心配される。

被曝労働

現在1日4000～6000人の作業員が過酷な被曝労働に従事している。人が入って作業する現場で一番放射線量が高いところは毎時800マイクロシーベルトといわれている。もとより多重の下請け構造の中で行われてきた原発労働だが、8次、9次受けやそれ以上もあるといわれ、搾取が行われている。危険手当ての未払いが問題になり、それが改善されると、代わりに賃金が最低賃金にまで引き下げられたりする例もある。ベテラン作業員は許容線量が一杯になり交代していくため、原発労働の未経験者が増え、事故も頻発しているという。

除染と焼却炉

除染は、被曝低減のために必要な措置だが、一方で夥しい放射性のゴミを生み出す。福島県内の仮置き場には何段にも積まれたフレキシブル・コンテナ・バッグの山が累々と続く。中には袋が破れたり中から草が伸びているものもあり、管理が心配される。都市部では学校や家、公園などの地面に埋められ、かぶせられた土の上で人々は暮らし、子どもたちは遊んでいる。２０１４年9月、福島県は大熊町、双葉町にまたがる地域に除染で出た放射性のゴミなどの中間貯蔵施設を約３０００億円で受け入れると発表した。

除染もまた被曝労働であるが、十分な装備や危険に対する教育が行われていない場合もある。失業対策や出稼ぎの職場として、未成年者や女性も働いている。

県内の19カ所に、８０００ベクレル／kg以上の稲わらや堆肥等の農林関係の放射性ゴミを燃やし減容化するための焼却炉の建設が計画され、すでに稼働している所もある。放射性のゴミを燃やすとき、排気とともに放出されるものはないのか、高濃度に濃縮された灰の処理はどうなるのか、周りの住民の意思は反映されるのかなどの問題があり、反対運動も起きている。ゴミの量に対して焼却炉の数や規模が大きすぎることも有り、原発で利権を得た大手ゼネコンの、再び焼却炉を巡る利権が疑われる。

「甲状腺検査と子どもの人権」

福島県の「県民健康調査」によると、２０１４年8月24日現在で事故当時18歳以下と事故直後に生まれた子どもたち約36万人のうち、検査が終了した約29万6000人中57人が癌、46人が癌の疑いとなっている。中にはリンパ節に転移した例もある。福島県県民健康調査は原発事故との関連を「考えにくい」としているが、もっと詳細な検査項目が必要ではないのか。予防医学の立場から子どもたちの被曝低減策が必要ではないだろうか。

2013年に「子ども・被災者支援法」の基本計画がようやく出されたが、その理念はほとんど生かされていない。子どもたちの細やかな健康調査や保養の制度化、生涯有効な無料の医療保障が必要だと思う。避難解除に伴い学校も元の場所に戻され、家が避難先にある子どもたちはバスで長時間かけて通っている。汚染水の海洋漏洩が明らかになる中での海水浴場の解禁、屋外でのプール活動、学校給食の県内産材料の使用など、国や自治体は子どもの人権をどのように考えているのだろうか。安全な場所で教育を受ける権利を掲げて、子どもが原告となる「子ども脱被曝裁判」も提訴された。

帰還政策と放射能安全キャンペーン

2011年12月以降、国も福島県も、除染→帰還→復興という路線の推進を始めた。同時に福島の安全を謳うさまざまなプロパガンダが行われるようになった。避難区域の再編、解除。除染目標値の事実上の引き上げ、「風評被害」の名のもとに、消費者の不安を封じるなどである。三春町と南相馬市に190億円の復興予算を注ぎこんで建設される「環境創造センター」は、福島県とJAEA（日本原子力研究開発機構）、国立環境研究所が運営し、その一角にIAEA（国際原子力機関）が事務所を置く。研究棟では除染や廃棄物処理の研究を、交流棟では人々への放射能に対する教育を行うとされている。福島県は、県内の小学5年生全員が見学することを計画している。展示や運営に関わる委員のメンバーには、原子力推進側の偏りを感じ、どのような展示や教育が行われるのか厳しい監視が必要だ。

深刻な被害者の「分断」と「自死」

福島県の災害関連死は津波による死亡者より多く、1700人を超えた。自殺は被災3県の中で最も多く、増加の傾向にある。先の見えない仮設住宅の暮らしに抑うつ状態も蔓延している。避難区域が解除されても、高齢者だけでの帰還が困難な為にやむなく仮設住宅に残った人々に、支援打ち切りによる貧困が起きている。自主避難者は経済的な困難から帰還を余儀なくされたり、家族内での意見の違いからの離婚も多い。地域の中でも、何とか産業の復興をと望む人々と放射能の危険に声をあげる人々が分断され、対立を生んでいる。同じ被害者同士が分断されること程悲しいことは無い。

責任追及

なぜ、人生を根こそぎ変えられるような被害が多くの人に及んでいるのに、誰も責任を問われないのだろうか……。私たち被害者にとっての素朴な疑問だ。福島原発告訴団が市民のごくあたりまえの感覚から始めた全国14,716人による告訴・告発は、2013年9月9日に東京地方検察庁から全員不起訴という処分が出された。当然私たちは検察審査会へ不服の申し立てをした。福島地検が事件を東京地検へ「移送」したために、福島ではなく東京の検察審査会へ申し立てることになった。それでも、一般東京都民の良識に照らせば「これでも罪は問えないのか」という被害者の思いを汲んでもらえるだろうと期待した。そして2014年7月31日、東京第五検察審査会は勝俣恒久元会長ら3人に起訴相当、1人に不起訴不当の議決を発表した。議決書では、原発事業者には安全確保のための高度の注意義務があり、過酷事故を起こす程の津波が来ることを具体的に予見でき、必要な対策をとり事故を回避することができた、と示している。

２０１４年５月に福井地裁が出した「大飯原発差し止め訴訟判決」も影響しているだろう。判決では生存を基礎とする人格権が、原発によって電気を作るという経済活動の自由より優先される、すなわち「お金よりも命が大切」ということが示された。そのため、原発のように万が一にも事故を起こしてはならない業務については最大限の対策をすることを社会が求めていると指摘した。この判決が検察審査員の心を後押ししたのではないだろうか。

東京地検は検察審査会の議決を真摯に受け止め、厳正な捜査をし、今度こそ真っ当な判断を下すよう心から期待している。

人に罪を問うことはまた、自分を問われることでもある。被害者であることを意識し続けて暮らすことは、苦しいことでもある。しかし同じ悲劇を繰り返させないために、理不尽な被害にあった者として、真実を明らかにし、何が間違っていたのかを追及する責任があるだろう。

私たちの住む地球という星は、46億年の悠久の時の中でさまざまな条件により太陽からの放射線を遮断し、命を育む星となった。しかし、人類は地中からウランを掘り出し、核分裂による人工の放射性物質を作り出してしまった。人類は今、どこに向かい、何をしているのだろう。原発事故はたくさんの他の生き物たちの命を巻き添えにした。ひとりひとりがこの事故の意味を自分の頭で考え、そして自分の足で立ち、行動していかなければ、人類が地球というこの美しい星と調和して生きることはできないと思う。

Ⅲ 来るべき哲学の課題

第6章

放射線被曝下の倫理と哲学、あるいは、「人」の取り戻し

村上勝三

1 放射線防護倫理の現状

２０１１年の４月、私の目の前には二つの報告書があった。一つは欧州放射線リスク委員会（ECRR: European Committee on Radiation Risk）２０１０年勧告『低線量電離放射線被ばくの健康影響　規制当局者のために　ブリュッセル、２０１０年』であった（以下、ＥＣＲＲと略記する）。その「第４章」は「放射線リスクと倫理原理」を主題としていた（ECRR, pp. 19-35）。もう一つは、国際放射線防護委員会

（ICRP: The International Commission on Radiological Protection）の Publication 111 であったが、そこにはそのような項目は見られなかった（以下、ＩＣＲＰと略記する）。ＩＣＲＰでは放射線防護のための基礎になる倫理的基盤について、論じられてはいなかったのかもしれない。だが、良い・悪いの基準が全くないというわけではないであろう。そうでなければ議論の立場がなくなる。あるいは、その場その場で変えているのかもしれない。[*1]

このＩＣＲＰが自らの戦略をどのように正当化するのかを見れば、彼らの良い・悪いの基準もわかるであろう。この点をＩＣＲＰに探ってみる前に、ＥＣＲＲについてこの点を見てみよう。この書物は２００９年にギリシャのレスボスで開催された国際会議の成果として、東京電力福島第一原子力発電所の過酷事故直前に発行されている（ECCR, p. 5 & p. 6）。ＥＣＲＲは、国際放射線防護委員会（ＩＣＲＰ）、国連原子放射線の影響に関する科学委員会（ＵＮＳＣＥＡＲ）から独立し１９８８年に設立された市民組織である（ECCR, Preface & p. 1）。ＩＣＲＰも自らを１９２８年に組織された「独立な非政府組織」であるとしている（ICRP, Aims and Scope）。しかし、この組織がＩＡＥＡ（国際原子力機関 International Atomic Energy Agency）とともに原子力推進側の立場に立っていることはよく知られている。ＩＡＥＡは原子力の軍事転用を抑制するという点ではかつては効力をもっていた。しかし、今や、ＩＣＲＰとともにＩＡＥＡが原発推進側で、ＥＣＲＲが反対側であることに異論の余地はあるまい。そして、現在も福島第一原子力発電所の過酷事故への対応として、日本政府がＩＣＲＰの立場を採用していることにも間違いはあるまい。

ＥＣＲＲは、ＩＣＲＰの、明確ではないが、基本的な倫理的立場を功利主義と捉え、欠点を以下のように指摘している（ECRR, p. 22-24）。すなわち、「功利主義計算の欠点は、それが多くの市民にとって道徳的に不快な結果をもたらすということである」と（ECRR, p. 23）。また、次のようにも述べている。「功利主義は、エネルギー源から得られる社会的利益や国防兵器のためのプルトニウムと引き替えに、各施設付近にすむ子供たちの白血病による死を許容する」と（ECRR, p. 23）。功利主義者たちは最大多数にとっての最大幸福を主張するとしても、一体どのような人が最大多数で、いったい誰にとっての、どのような最大幸福を追及するのかという点については隠蔽してしまう。人類への福祉であるかのように標榜（ひょうぼう）されながら、現実的には権力者にとっての利潤が求められることになる。このことはＩＣＲＰの記述からも看て取ることができる。ちょっと長くなるが二箇所を引用してみよう。

3・1　防護戦略の正当化

(28)（地域における放射線防護対策の）「正当化は、累積的な利益に関係し、そして防護戦略を構成する個別的な複数の防護活動がもたらす衝撃と関係している。個々のものとして正当化される活動がつくる領域のなかには利用できる活動もあるかもしれないが、それが総体的な戦略として考察される場合には純利益を提供しないかもしれない。なぜならば、たとえば、個々の防護活動が、全体として考察された汚染にさらされている住民にとって、集合的に見て、はなはだしい社会的崩壊をもたらす場合、あるいは、個別的な防護活動がはなはだしく管理を複雑にする場合があるからである。逆に、単一の防護活動がそれ単独では正当化されずに、一つの防護戦略の部分として含められる場合に、総体的な純益に貢献するかもしれない（ICRP, pp. 25-26）。

この「防護戦略の正当化」についての考え方の主要な点は次の三つに纏められる。①社会的な混乱の防止が「個別的な複数の防護活動」よりも優先される、言い換えれば、個に対して全体の利益を優先するという思想である。②全体、総体、総量としてみた利益が第一義的なものとして重視されている。個人は全体の利益のためならば、犠牲になるという考え方が示されている。しかし、原発事故被災者は自分の苦境に対して一切の責任をもっていない。しかも、個々の被災者を支援することによって国家が滅びるということはない。日本の場合に国民1億2000万人で被災者16万人を支援することは可能であったろう。この発想はＩＣＲＰには見られない。

もう一つ引用をしてみよう。

(29) 住民たちが汚染された地域に留まることが許可されている場合に、諸個人に対するのと同じように社会に対する或る総体的純益を保証するという責任は政府、あるいは国家当局にある。

原子力および非原子力事故の後の世界的な経験が示しているのは、国家も個人も、影響を受けた地域を決してすすんで離れようとはしないということである。総じて、被災が定住可能なレベルを超過している場合には、当局が諸個人に健康上の理由のために、影響を受けた地域から離れることを要望するが、その一方で、そのことを要望された諸個人は、人間としての諸活動が許可されることが可能な場合にはいつも、これらの地域に再び住むことを目指そうとする（ICRP, p. 26）。

三つの点を指摘したい。第一は、電力会社ではなく、政府に責任を転嫁していることである。つまり、私企業が損害を補塡することはできないほどの被害の大きさが前提されているのである。第二に、原子力事故と非原子力事故を同列に並べることができないのは明らかであるにもかかわらず、同列に並べて比較している。放射性物質の半減期の長さを少しでも考慮に入れるならば、風水害などと原子力災害とを同質なものと考えることはできない。それだけではない。放射性物質が人間の感覚によっては識別できないということも斟酌（しんしゃく）されていない。第三に、戻りたがらないという「世界的な経験」の根拠は示されていない。災害の規模によっても、災害が起こってからの時期や復興の状況によっても、個人や家族のおかれている状況によっても異なるはずである。通常の平穏な生活をしている人々が、平穏さのなかで特別な状況の生じた場合を想像して考えているようにみえる。個別的、現実的状況に即して考えるのならば、被災者それぞれの状況に応じて正反対の選択が必要になることを、最初から組み入れて方策を立てなければならない。福島における過酷事故が教えているのは、このようなＩＣＲＰの思想が、移住に対する反対圧力として働いていることである。国と県がこの思想の上に立って復興を考え、汚染地域に住むように暗黙の強要をしていることになる。

このようなＩＣＲＰの考え方を、ＥＣＲＲは偏った功利主義と捉え、別の倫理的立場を模索している。彼らは、ロナルド・ドゥオーキン（Ronald Dworkin）の『権利論（*Taking Rights Seriously*）』（１９７７年）、ジョン・ロールズ（John Rawls）の『正義論（*A Theory of Justice*）』（１９７１年）（ECRR, p. 25）、ロザリンド・ハーストハウス（Rosalind Hursthouse）の『徳倫理学について（*On Virtue Ethics*）』（１９９９年）などを参照している。*[2] ＥＣＲＲは、『権利論』からは「最も基本的な自然権である身体の不可侵性の権利」を引き出してくる（ECRR, pp. 24-26）。しかし、ドゥオーキンの主張の一つに次のものがある。すなわち、「もし、政府が諸権利を真剣に serioiusly 扱うのでないのならば、その場合には、政府は法律も真剣に扱わないであろう」と（p. 247）。現状から見ると、この書物が一つの基礎にしているアメリカ政府に「権利を真剣に扱う」のを求めること自体が見通しのないものに思える。次に、『正義論』から、ＥＣＲＲは、個人における正義に基づく不可侵性を引き出し、功利主義的な見解と対立すると見なす（ECRR, p. 25）。しかし、ロールズが自らの経験の足場にしているアメリカのよい家庭の道徳観を、原子力推進者に望むことはできないであろう。最後に『徳倫理学について』からＥＣＲＲは個々人の美徳の尊重とそれへの抑圧の反対を引き出す。個人の人としての権利が擁護され、正義に従って配分され、美徳が尊重される社会を現実化することに異議を挟む者は誰もいないであろう。この著作の最後の文章を意訳しながら引用してみよう。「さまざまな徳を維持することは時として容易ではない、それは真実である。絶望と人間嫌いへの誘惑にそそのかされる。しかし、希望を生き続けさせよ」(p. 265)。その通りである。しかし、現実社会がなぜ徳を尊重するようになっていないのか。そのことにこれらの倫理的立場が応えることはできるのであろうか。ＥＣＲＲの人たちは、これらの倫理観を満たすために「政策立案者のための倫理的考察」を掲げている(ECRR, pp. 27-35)。そこに学ぶことは多いであろう。しかし、ＩＣＲＰがこれを受容することはないであろう。私たちの課題は放射線被曝下において核のない世界を目指す倫理的立場を築くことである。ＥＣＲＲの結論の一部だけを紹介しておく。すでに健康被害を避けられない人が実在する場合に、それを引き起こした人々の所業を、倫理的に正当化することは不可能である。このことの根底には、「資本主義の倫理が世界的に知性を支配していること、そして、あらゆるものの値段を知っているが何の価値も知らない一つの経済システム」があるとされる。ＥＣＲＲからすれば、倫理的立場の模索とともに、経済的・政治的システム自体が放射線防護の壁になっているということである。「寿命の長い放射線核種が環境のなかで増加していることは、「功利主義を含めてどのような倫理的システムの枠」をも越えている(ECRR, pp. 34-35)。ＥＣＲＲの人たちの、何とかして倫理的基盤を見つけたいという試みにもかかわらず、結論は次のようになる。「汚染と健康障害を正当化すること、そしてそれに含まれるリスクを最小にしても（その上で）道徳的に健全な社会へと導こうとしても、それが鉄面皮の証明になることはすでに明らかである」（ECRR, p. 26）。原子力推進者たちが生み出すもの、それは推進者にとっては徳であり、正義であり、自然権であり、功利的である。しかし、私たち「人」にとっては悪徳である。ECRRの真摯な取り組みにもかかわらず、この悪徳に満ちた社会のなかで、この悪徳から脱するための理論的拠点は見出されなかったのではないのだろうか。

ECRRとICRPとの対比から見えてくることは、原子力推進者たちの倫理観とは、自分たちを多数派にして、それに少数派を従わせることが「善」の基準になっているということである。そして、推進者に向けてあなた方のしていることは悪徳な行為であると非難しても、彼らには何も堪えない。原子力産業が世界的な基幹産業として維持されて行くことが彼らの目標であり、彼らにとっての有徳な行為なのだから。それがまた彼らにとって核兵器という「抑止力」、要するに、持っているだけで地球全体を恐怖に巻き込む脅しの材料を維持することの動機にもなる。しかし、それもしょせん廃る、廃らざるをえない。廃るにせよ、放射性廃棄物は10万年以上、この地球と、もしまだそのときに残存しているのならば、人類に負担をかけ続ける。原子力産業が廃るまで待っていても、悪徳が悪徳を生み、自分は「善」であると主張し続ける。この態度はいつまでも続くであろう。原子力・核産業が廃れても、彼らには次に求めるものがある。食物、医薬、水である。このように考えてみれば、私たちにとって求められているのが相対主義的倫理観の打破であることは明らかであろう。一人の人の快・

不快を行為の基準にする倫理観を打破しなければならない。人は社会という視点から見れば、すべて一人の人として同じである。しかし、一人ひとりの側から見るならば、それぞれが譲り渡すことのできない経験をもち、そこから世界を見る、独特な存在である。そしてすべての人が一人ひとりすべて異なり、すべて別々の事情を抱えている。一人の人がみな違い、独特であるということと、そういう一人も、人々のうちの一人であること、この二つのことを二重言語のように使い分けるときに相対主義が生じる。では、どうしたら私たちは相対主義を脱却できるのか。そもそも一人の人の快・不快が行為の基準になるという考え方は何に基づいているのか。このことを次に考えてみよう。

2 本当のことは正しいのか

「良い」という表現は、私たちの行為の選択にかかわる「善さ」を示すと考えておく。そして行為における良い・悪いを考えていく場合に、良い行為にその良さの理由を与える根拠を「善」と呼んでおく。相対主義的倫理観にはこの「善」の役割がない。私たちの行為は、誰が、いつ、どこで、どのようにするのかという条件をもっている。だから、同じ行為をしても、条件が異なるに応じて良い場合も、悪い場合も出てくる。そのように行為の良い・悪いはこの四つの条件によって相対的にしか決まらない。その一方で、この四つの条件の下で良いか悪いかを判断するときに、相談しにいくときの何か、それを「善」と呼ぶ。この「善」は状況によって変わることはない。「善」はこうして「真」・「本当のこと」と重なる。しかし、今の私たちにこのような考え方はわかりにくいかもしれない。どうしてわかりにくいのかと言えば、私たちが３００年ほどかけて、この考え方を忘れようとしてきたからである。支配する者の経済的、政治的優位のためには、このような共有可能な善悪の尺度は邪魔だからである。「良心に尋ねてみなさい」という表現は死語になってしまったのであろう。このとき「良心」で名指されていたのは、先ほどの「善」に他ならない。自分の良心に尋ねてみれば、行為の良い・悪いは判断できていたのである。もちろん、良心に聴いて判断ができても、自分の感情や、衝動を制御できるとは限らない。かつては良心に悖（もと）る行為をしてしまった人に対しても、感情や衝動の制御の難しさに同情し、克服の仕方を一緒に考えて、これからはしないようにと説得できた。しかし、この共有の「良心」がなくなったとき、罪を犯した者に対して人々は復讐だけを考え、その人が市民として復帰することを考えようとしない。ＩＣＲＰはこのような倫理観に立っている。いや、自分たちは何をしても、損害を蒙ることがない限り、自分たちは正当であるという考え方である。どうしてそのようになったのか。かつて「良心」は共有できるものとして本当のことであった。ではなぜ、本当のことが良いことではなくなったのか。２０１１年３月の原発過酷事故は、私たちに哲学史をもう一度見直すことを要求している。

哲学史上のこととしてよく知られているように、D・ヒューム（David Hume, 1711-1776）は『人間本性論』の「第3巻」で道徳を語るにあたって、理性が関わる真偽の問題は「であるか、ないか」という問題であり、道徳の問題とされる「べきか、べきでないか」という問題とは異なるとした。*3〈「である」ということから、「べき」であるということを導き出すことはできない〉という主張である。これが「存在と当為」の分離と言われる問題の哲学史的始まりとされている。ヒュームその人がどのような意図をもっていたのか、彼が神の存在とこの問題とをどのように関係づけていたのか、その点を問うことはしない。彼の意図とは異なるかもしれないが、哲学史的に定着してしまっている点を簡潔にだけ言えば、どれほど事実の記述を重ねても倫理的規範に届かないという主張である。近年では「記述」と「規範」の違いと表現されることもある。この「存在と当為」の分離、「ある」から「べき」を導出するのは誤りであるというドグマは長く主張され続け、これに反することを述べると、哲学の研究者として常識に欠けるとさえ言われ、あるいは大時代の素朴な議論としか見なされなかった。しかし、この分離は理由のないドグマにほかならない。たとえ、カントのように「実践理性」と「理論理性」を分離し、両者を「自然の合目的性」によって縫合（ほうごう）するとしても、存在と当為が一つになる根拠を示したことにはならない。このことは現代の病巣の一つを形成しているが、あまりにも当然と受け止められ、問い直しをされてこなかった。しかし、東京電力福島第一原子力発電所の大事故が開いた過酷な未来に直面して、この問題を問い直さざるをえなくなっている。B・ヴァルデンフェルスは、私たちの求めに応じて原発問題への提起を行った。そのなかで彼は「存在と当為の分離というドグマ」を批判的に取り上げることの重要性を指摘した。[*4] このことに思い当たってみれば、至極当然であるにもかかわらず、３００年近く無批判的に受け入れられてきた。そして、現在でもなお、原子力推進派の「学者」たちはこの分離を潜ませながら、議論を構築するであろう。至極当然というのは、「ある」と「べき」を分離するならば、本当のことが良いことではないことになるからである。この一つの歪んだ価値観は原子力推進派にとってはきわめて有利な言説の基礎になる。これを彼らは人々に押しつけたいのである。

しかも、現在の功利主義的な倫理観、徳倫理学的見方、いずれにせよ何かを実行する人間が社会的な福祉につながる行為をすることを前提にしている。しかしながらこの立場だと、たとえば、嘘をついて社会的に優位な立場に立ち、嘘を平気でつくならば、嘘をつくことは悪徳と見なされなくなってしまう。私たちの国の現状のように。そういうことがどうして許されるのか。そこにもやはり歴史があると考えられる。この点を「快、不快 pleasure or pain」を倫理基準にすることの問題として考えてみよう。「快、不快」と表現すると、わかりにくいかもしれない。ヒュームの言い換えを利用すれば、「心地よさ easiness」ということにもなるであろう。しかし、それも伝わりにくい言い方かもしれない。「不快」の方も、「不快」というよりも「痛み」の方が分かりやすい。「快」という表現は「快楽」と結びつき、「喜び」「楽しい」という表現を呼び起こす。この「快」ということでヒュームがどれほど強い快感を言い表そうとしたのかわからないが、強くなれば快楽になるような方向性をもっていることは確かであろう。そして、この快も苦痛も感覚か感情である。感覚と感情の特性は、そのつどそのつどの人の心のありさまによって変化するという点にある。同じ身体的刺激であっても、快と感じるときも不快と感じるときもある。同じ相手の同じ行為であっても、それが快いという感情を引き起こすことも、不快という感情を引き起こすこともある。そのように「快・不快」は人と物質的環境、および、人と人との関係の関数である。「快・不快」は当人の感じ方次第で変化してしまう感覚、感情である。これを行為における良い・悪いの基準にするならば、当然、或る人にとって良いことが、別の人にとって悪いことになる。それを避けるために「共感」とか「道徳感情」がもちだされる。ヒュームによれば、「共感」とは、他人の傾向性や感情を相互の交流のうちに受け取るという性向、人が自然にもっている「傾向性 inclination」である。自然法則のように安定して、人々の間の関係に適用されると見なされているであろう。しかし、それはそのような見解を共有する社会において力を発揮するかもしれないが、その社会は、痛みが快楽である人々を排除することも明らかである。このことは「道徳感覚 moral sense」・「道徳感情 moral sentiments」が行為における良い・悪いの基準であるとされても同じことになる。たとえば、アダム・スミス（Adam Smith, 1723-1790）が『道徳感情論』において示しているのもそのようま立場になる。この考え方を社会に及ぼそうとすると、どうしても「偏りのない観察者 impartial spectator」が必要になる[*5]（ex.gr. The Theory of Moral Sentiments, 1759, p. 220）。これが功利主義の系譜につながる。何も18世紀イギリスに限ってのことではない。現代の或る倫理学者は功利主義の説明として次のように書いている。すなわち、「ある行為のよし悪しを判断する際の究極の判断基準としては人びとの幸福や不幸のみが問題となる、というのが功利主義の立場である。古典的な功利主義では快苦（pleasue and pain）によって幸福が定義され、現在では選好充足によって定義されるのが普通である」[*6]。「人びとの幸福」と言われてもその「人々」が誰なのかわからない。社会的弱者が当該の社会において最大多数であっても、その人たちの幸福が一国の政策的目標になったことなどあるのだろうか。「選好充足」と言われても、基盤になるのは個人の選択である。「ある」と「べき」を分離したときに、「本当なのか」という問いが切り捨てられた。「べき」の、つまりは、道徳的良さの基準が個人の好みになってしまう。ＥＣＲＲがＩＣＲＰを批判していたように、功利主義は現在のような社会的強者、つまり、きわめて富裕な人と大きな権力をもつ人との社会を作ってきた。彼らの「選好充足」の下に、つまりは、彼らの「快」のために、原子力産業は大きくなり、そして破綻をきたした。破綻をきたしたときに被害を蒙るのは「きわめて富裕な人と大きな権力をもつ人」以外の人たちである。そういうわけで、「快・不快」を良さの基準にする倫理的見方を否定して、人々の共有できる良さを追及しなければならない。それはどのようなことなのだろうか。

3 絶対と全体

先にも見たように、人の現実的な行為の局面においては、同じ行為が場合によって「良い行為」になったり「悪い行為」になることがある。行為とは、一般的に規定すれば、或る特定の人が、あるいは、或る特定の人たちが、或る時間（年、月、日なども含めて）に、或る空間（「どこそこで」と言える規定をもっていること）のなかで、或る社会的状況の下に為すことである。ということは、行為のもつ良さは〈誰が、いつ、どこで、どのような状況で為されるのか〉ということによって変わりうるということになる。これは当然のことである。そのような領域における私たちの判断における困難を言い表すならば、〈理論的にどちらを選ぶか決定されていない状況のなかで、行為の選択をしなければならない〉ということになる。先の一般的規定は具体的に為された何ごとかが行為かどうか見分けるための形式である。したがって「或る人が車を運転中に電信柱にぶつかった」という記述があったからといって、それがその人の行為であることにはならない。行為が成立するためには、その人が特定され、場所と時間と状況が特定されなければならない。それまでは誰かの行為とは見なされない。その人が特定されないならば、「或る人が車を運転中に電信柱にぶつかった」と記述される出来事があったにすぎない。ここで問わなければならないのは、行為の形式と具体的な行為の区別である。しかし、そこに難しいことは何もない。私たちは目の前の物体を見て「リンゴ」と呼ぶ。目の前の物体は時間と空間と状況に規定されている。その当の個物を私たちが分類するときに「リンゴ」という一般名辞を使う。一般名辞で示される「リンゴ」は時空的実在をもたない。だからといってないわけではない。具体的な行為と行為の形式の間にも同じような区別がある。具体的な行為は実在したか、実在しているかである。それに対して、行為の形式は目に見えるわけでも、私たちが感覚で捉えるわけでもはない。行為の形式が見えるのは文字として、聞こえるのは音声としてである。私たちは一般名辞で指されることを「ある」と思っているはずである。類の名前としての「机」も「リンゴ」もないとは言えない。もし、そんなものは存在しないというのならば、それは私たちの考え方を歪めた捉え方である。ないものについて語ることはできないはずだからである。

少し回り道をしたが、具体的な行為と行為の形式をこのように区別するならば、行為の形式は人々の間で、あるいは時代の違いを通しても、比較的安定しているということがわかるだろう。そうでなければ、他人と話しても、そもそも話が合わない。「リンゴ」というような類を表す名辞だけではない、「社会」であれ、「美しさ」であれ、この名辞ですっかり同じことが考えられているかどうかは別にして、お互いの言いたいことを交わす程度には理解されている。もし、話がわからなくなったならば、わかる言葉を見つけて、そこから話を進めればよい。このように名辞で理解されていることを

「概念」と呼ぶ。「リンゴ」は名辞であるが、それによって考えられていることは「リンゴ」の概念である。同じ社会に育つということは、人々と共有する概念を多くもつということである。もちろん、だからといって同じ名辞で示される内実、つまり、概念がすっかり同じだということにはならない。相手の概念の使い方は思いの流通によってしかわかってこない。つまり、相手が或る名辞で何を考えているのかについては、すっかりわかるということはない。しかし、どのような概念であるのかということは会話を交わせば知ることができる。また回り道になったが、大事な点は、一つひとつの個物としての〈りんご〉相互の違いと、そのような個物としての〈りんご〉と概念としての「リンゴ」の違いである。個物としての〈りんご〉は相互の区別をもちながら一つの〈りんご〉である。目の前に一個しかないとしても、それは他の〈りんご〉との関係のなかで「リンゴ」である。この他の〈りんご〉との関係のなかでの〈りんご〉というありさまを相対的であると言う。その一つひとつの〈りんご〉に対して「リンゴ」という概念は絶対的である。つまり、対がない。もちろん、「リンゴ」という概念が「果物」という概念のなかに含まれると考えれば、「リンゴ」という概念は相対的である。「相対的」と「絶対的」には段階も、度合いもさまざまにある。人は人々の間では相対的な人である。しかし、一人の特定のこの人は、比べるものがないという点で絶対的である。〈りんご〉であっても、自分にとってこのリンゴしかないという〈りんご〉はその人にとって絶対的である。そのように「相対的」という概念は「絶対的」という概念と相関して使われる。そうでなければどちらも意味をもたない。

この回り道で主張したいことは「絶対的善などない」と言われるときの「絶対的善」の空虚さである。「絶対的善などない」と言っているときに、主張する者は「相対的善」についても考えていないであろう。なぜならば、「相対的善」がどのようなものか語るときに、「相対的」ではない「善さ」を、どのような仕方でか用いざるをえないからである。そうでなければ、彼は良いということについて比較級で言われるような「もっと良い」ということを容認できないであろう。容認する場合には、相対的な最上級を認めたとしても、ここでもやはりそれらの基づくところを「善さ」に求める手立てがなくなるであろう。しかし、「絶対的善などない」と主張する人が言いたいことは違うことである。誰にとっても、いつでも、どのような状況でも「良い」と言えるような行為はない、ということである。それは当たり前のことである。では、なぜ彼らは「絶対的善」を否定したがるのか。個々の行為について言われる相対的で、程度をもった〈良い〉を「良い」とする形式を彼らは認めないからである。しかし、彼らが「良さ」あるいは「善」という概念をもっていないとは考えられない。では、彼らは何から逃れたいのか。それは自分の行為を縛るものから逃れたいのである。自分を制限するこの良い何かを、彼らは「絶対的善」と呼んでいるのである。

たとえば、「子供がおぼれるのを助ける」のは絶対的に良いことであると私が言うならば、相対主義者はその同じことが悪いことになる例を出して、この行為が絶対的に善であることを否定する。もちろん、先ほど述べたように、或る人が或る時に或る場所で或る状況のなかで、「或る人の命を助けようとした」という記述を含む行為をしたと見なされる場合には、つまり、当該の事態が「行為」である場合には、必ずしも良い行為であるとは限らない。しかし、そのような具体的な個々の行為を切り離し、人間的な行為の〈かたち〉（形相）を抜き出すならば、つまり、絶対的な仕方で人の行為についで語るという次元においては「人の命を救う」ことはいつも良いことであり、「絶対的善」である。要するに、良い・悪い、総じて価値についての相対主義は欺瞞だということである。価値相対主義者であれ、自分の行為を組み立てるときには何かしら概念としての「善」にかかわっている。この行為についての「善」をその他の基礎的な概念、たとえば、「真」とか、「存在」などと関係づけて、私たちの知識のシステムにおけるこれら相互の位置を考究する場合、私たちは「善」を探究すると言う。個々の具体的な誰かによる、いつかの、どこかでの、どのような状況での行為かということを対象にしながら、それら具体的行為を通して言える「良さ」、つまり、「善」とは何かということを考える。それが倫理学においてなされる探究である。行為の良さをそれとして抜き出して探究するということである。

こうして明らかになったことは、絶対的と言える次元が成立しなければ、価値の相対主義は成り立たないということである。そういうわけで価値の相対主義を主張する人は、どこかで相対主義的ではない価値を、まやかしの絶対的価値を使っているということになる。たとえば、「権威」というのがそれに相当する。親の言うことを信じなさい、先生の言うことを信じなさい、専門家の言うことを信じなさい、政府の言うことを信じなさい、マスコミの言うことを信じなさい、ＩＣＲＰの勧告を信じなさい。それが権威主義の現れである。権威主義とはそれを蒙る側から見れば、自分で考えることの放棄である。現代哲学の多くは「絶対的に善い」という表現を認めないであろう。それは欺瞞的に価値の相対主義という立場に立っていることを示す。実は権威を絶対的価値にしたり、自分の感覚を絶対的価値にしたりしている。価値の相対的主義はそのように〈理由（理性・理論）に裏付けられていない力〉を生み出す。相対主義者にとって、人の生命も相対的価値しかもたない。これが私たちの社会の現状である。しかし、実は絶対的価値について議論することをやめて、経済的価値を裏付けにした権威主義が行使されているに他ならない。その権威主義と経済的威力を得るために、個人の自由を最大限に大きくするという「まやかし」が語られることになる。新自由主義と呼ばれる立場がそれである。なぜそれが「まやかし」かというならば、個々人のすべてが自分勝手に行為することなどできないからである。「自由」という理念がそのまま現実であるとされることを通して、経済的・政治的・報道的権力が行使される。たとえば、「すべての人は自由である」ということは「人」にとってその尊厳に関わる重要な理念である。しかし、行為が「或る人と時間的位置と空間的位置と社会的状況とのすべてが特定のものとして規定されている出来事」である限り、自由な行為は社会的な制約のもとに成立する。それを保証するために「平等」「公正」「正義」「法」という概念が用いられる。それに対して「すべての人は現実的に自由である」という主張は法の下の平等さえも破壊する。現実に「すべての行為が自由である」と要求することと、「すべての人が自由である」という理念をもつこととはまったく異なる。この絶対的価値について議論をする場所を私たちは３００年かけて忘れてしまったのかもしれない。それを取り戻し、絶対的価値を共有する手立てを構想することは、これからの社会を構築していく上でしなければならないことである。その場合に考えておかなければならない課題の一つとして、次のことがある。「人」をどのように捉えるのか、その「人」と人の為すことである「技術」との関係をどのように考えるのかということである。

4 「技術」と「主観性」

２０１１年３月の東京電力福島第一原子力発電所の過酷事故は、近代的技術が人間の制御を越えて増殖してしまった結果であることに違いはない。地震のためだ、津波のためだと言い逃れをしようとも、原発を作らなければ、さまざまな警告がなされていたにもかかわらず、原発を作るようなことをしなければ、何世代にもわたって人々に被害を与え続ける事故は起こらなかった。人の技術が引き起こした人と環境の破壊に違いない。それゆえに人と技術の問題を捉え直さざるをえなくなる。「人」

についての捉え方、「技術」についての観方、その両者の関係のどこに歪みがあったのか。そのときに語られる「人」についてはどのように捉えられているのか。「人」はすべて「私」であり、「私」はすべて「人」だということを基盤におきながら「技術」と「人」の問題を考えてみよう。「私」には主観あるいは意識主体としての内在と、人ないし人間としての外在という二つの側面がある。ここを出発点にして人と技術の問題を考え直してみる。まずは「私」という概念から捉え直してみよう。

「主観性 Subjectivität」という概念を近代哲学の産物として提起したのはハイデガーであるとされる。ハイデガーは『ニーチェ』という書物に収められた『存在の歴史としての形而上学』において「私」・「自我」をデカルト的な「思うもの res cogitans」としての「主観性」において捉える捉え方を提示している。「主観性」についてよく引用される箇所をみれば次のように記されている。纏め直して述べる。「人間精神」が際立った仕方で捉えられ、人間は「「基体 subiectum」として「主観 Subjekt」という名称を排他的に自分に対してだけ要求するようになり、その結果、基体と自我とが、主観性と自我性 Ichheit とが、同義になる」と。[*7] ここで問われるべきは、ハイデガーが「主観性」という概念とデカルトの「私」を関係づけ、幻の「近代的自我」に仕立て上げたことである。そのような「私」についての観方が、現代における「主体・主観」概念の源泉に据えられ、そのことが近代批判の基礎におかれる。[*8]

その結果、環境世界のなかに生きている「私」という視点が見失われた。その主観性としての

「私」の淵源はデカルトの「私」にある、とされる。しかし、実は、デカルトの「私」は智慧の主体としての「私」であり、環境世界のなかに生きている「私」である。その「私」が最早疑うことのできない何かを求めて、「私があり、私は実在する」ことに至り、そこを足場にして、確実な知識の基礎構築として、さまざまな「私」が実在することの根拠を示す形而上学を築き、そこから身心合一体である「私」の情念にまで説き及ぶ[*9]。ハイデガーの上に述べた「私」の理解はカント的「超越論的統覚」に近づけてデカルト的「私」を捉えたものである。そしてこの「主観性」の「存在 Sein」はハイデガーによって「欲求 appetitus」を核心に捉えられる。この「欲求」は「意志 Wille」とも呼び換えられるが、要するに、この意志はデカルト的ではない。デカルト哲学における「意志」は「為す・為さぬ」を根底にしつつも、判断において知性の明証性に従うという「傾向性 propensio」をもつ。ハイデガーがここで述べている「意志」は知られた内容をもたない、どこに向かうとも分からない「力への意志 Wille zur Macht」までも含む「意志」である。このハイデガーの「私」＝「自我」についての考え方と彼の技術についての観方との関連を、次に考えてみる。

加藤尚武は次のように書いている。ハイデガーによれば「すでに自分を失ってしまった人間が、自然を強いて、自然から資源を取り立てるように駆り立てられている。人間の自己喪失こそが、自然破壊の根源なのである」（註7の加藤論文、5頁）と。村田純一はハイデガーの技術についての観方は、人間によって制御できるという側面と人間の制御を超えるという側面との「両義性」をもっているとする（註7の村田論文、181—198頁）。それらのことはハイデガーが技術の本質を「徴発性 Ge-Stell」であるとする点に支えられている。この『徴発性 Das Ge-Stell』というハイデガーの論考には次のような箇所がある「徴発性、つまり、技術の本質は、何ら人間的なものではありえない」。要するに、人間は技術を制御できない存在者であるということになる。『技術についての問い』では、その「徴発性」の説明として「人間を引っ立て、人間から取り立て」るような何かとされている。ハイデガーによれば、出来上がった技術に対して人間は受け身であることになる。それゆえに人間は技術を制御できない。そうすれば技術の自己増殖は当然のことになるであろう。

そしてこの技術に制覇された人間と自然との関係は、主にフランクフルト学派によってベーコン、デカルト以来のこととされる。すなわち、人間は自然の主人であり、自然を奴隷のように自分の意のままにしようするのは、ベーコンやデカルト以来であり、近代自然科学の元凶は彼らにあるとされる。そのように現代の哲学者の多くは哲学史を踏まえることなく責任逃れをする。この点を振り返って明確にできることを明確にしておこう。ベーコンが〈人は自然の主人である〉と述べた箇所について明確な出典が示されることはないと思われる。それに対して、デカルトの場合は明確に出典を含めて引用される。それは『方法序説』「第6部」にある。そこでデカルトは、自分が求めているのは、「学院で教えているような思弁的な哲学」ではなく「或る実用的な哲学」であると述べる。それの特徴を凝縮して述べているのが当該の箇所である。環境世界を構成する物体の力とその作用を、私たちが「技術者のもっているさまざまな技巧を認識するのと同じぐらい判明に認識」するならば、私たちは「そのようにすれば、それらの物体が本来もっているすべての用途と同じ仕方で使用することができるであろうし、そのようにすれば、私たちを自然の主人たちや所有者たちのようにすることができるであろう」。ここで「ように」と訳すしっかりした理由のあることと、「自然の主人たちや所有者たち」という複数形の役割とともに、*10 文脈を含めて理解するならば、主張のほどがよくわかる。すなわち、技術者の技巧について知るのと同じように物体の力と作用を知ること、言い換えれば、対象に加工を与えるときに、技術者がさまざまな経験を経て、試行錯誤しながら、或る技巧に習熟するように、哲学研究者もさまざまな実験を繰り返しながら自然的物体の利用法を認識していかなければならないということである。人は自然であり、その人と同じく自然である物体の本来のありさまを変更しようなどという意図をここに読み取ることは決してできない。

20世紀以降の哲学者たちが、この箇所を使って近代の限界を説き、その理論的拠点にデカルトを配するとき、彼らは過去の哲学に責任を押しつけ、現代技術革新の悪弊の外に自分をおいているのである。デカルト哲学において人間も物体も自然である。自然本性は与えられたものであり、その本来性をどのように上手く引き出すのか、それが目標であった。むしろ、「無限」ということを忘却して、無際限な欲望に目を眩まされて自らの有限性まで忘却してしまっている現代の哲学者こそ、人を腐敗に導いた者たちとして糾弾されるべきであろう。デカルトの意図を曲げて、ハイデガーが人々にかけた呪文に、われわれは拘束されてしまっているのではないか。哲学史における近代がデカルト以来であると思い込まれ、「私」と「自然」の理解が歪められるとき、ハイデガーの呪文が力をもつことになる。そして、結果としてもたらされたのは技術を制御することの放棄である。その根底には「人」が「私」として捉えられ、それが「主観性」としてだけ捉えられていることがある。身体をもって社会のなかで人々と交流し合いながら社会を構成する「個人」としての「私」がどこかに消えてしまう。片方には全体の一部として統制される「私」と、片方には何でもできると妄想する「私」が残されてしまう。ここに人間の腐敗のありさまの根底がある。

本当のことが良いことで、良いことが本当である社会、それはお互いに信頼し合うことのできる社会である。だからといって、犯罪や不正がなくなるということではない。しかし、良いことを為すことが本当のことと認められるならば、いや、そう思うことができるのならば、それだけで無用な緊張感の多くが消えて行くのではないのか。人として「当たり前」の心を取り戻すことになるのではないのか。そのために何をしなければならないのか。私たちは知っているのではないのか。

[註]

＊1　ECRR2010については、European Committee on Radiation Risk, *The Health Effects of Exposure to Low Doses of*

Ionizing Radiation, Regulator's edition: Brussels 2010を典拠にし、翻訳には以下の二つを参照した。『欧州放射線リスク委員会（ＥＣＲＲ）２０１０年勧告低線量電離放射線被ばくの健康影響　規制当局者のための版　ブリュッセル２０１０年』（ＥＣＲＲ２０１０翻訳委員会、美浜・大飯・高浜原発に反対する大阪の会発行）、および、山内知也（監訳）『放射線被ばくによる健康影響とリスク評価　欧州放射線委員会（ＥＣＲＲ）２０１０年勧告』明石書店、２０１１年。また、ＩＣＲＰ１１１については、*ICRP 111(Annals of the ICRP*, ICRP Publication 111, Vol.39 No. 3), Elsevier 2009を典拠にし、翻訳には、社団法人日本アイソトープ協会訳『ICRP Publication 111 原子力事故または放射線緊急事態後の長期汚染地域に居住する人々の防護に対する委員会勧告の適用』（*http://www.jrias.or.jp/public/icrp/20120502-152852.pdf*）を参照した。引用に際しては、ＥＣＲＲないしＩＣＲＰと略記し文末に引用箇所を示す。

＊２　Ronald Dworkin, *Taking Rights Seriously*, Gerald Duckworth & Co Ltd., 1977.〔木下・小林・野坂訳『権利論』木鐸社、２００３年〕。John Rawls, *A Theory of Justice*, Oxford University Press, 1971.〔川本・福間・神島訳『正義論』紀伊國屋書店、改訂版、２０１０年〕。Rosalind Hursthouse, *On Virtue Ethics*, Oxford University Press, 1999.〔土橋茂樹訳『徳倫理学について』知泉書館、２０１４年〕。引用に際しては、文脈上、著者がわかるようにし、頁数だけを記すことにした。

＊３　ヒュームについては以下のテクストを使用した。David Hume, *A Treatise of Human Nature*, ed. by D. F. Norton & M. Norton, Oxford, 2007 / 2011. 引用したのは、本文の以下の箇所も含めて順に同書「第３巻第１部第１節」、同「第２節」、同「第２巻第１部第11節」からである。

＊４　本書第８章を参照のこと。

＊５　Adam Smith, *The Theory of Moral Sentiments*, 1759.「偏りのない観察者 impartial spectator」（*ex.gr. op.cit.*, p.220）。アダム・スミス『道徳感情論（上・下）』水田訳、岩波書店、２００３年。また、「道徳感情論」につ

いては、村上勝三「共同体と個人倫理──「近代的自我」の構造」（竹村・松尾編『共生のかたち』誠信書房、２００６年）、64―69頁参照。

＊６　伊勢田哲治・樫則章編『生命倫理学と功利主義』ナカニシヤ出版、２００６年、６頁。

＊７　ハイデガーのテクストについては以下のものを参照した。M. Heidegger, *Die Metaphysik als Geschichte des Seins in Nietzsche*, Bd. 6.2, SS. 4395-396 & SS. 411-412 ; *Das Ge-Stell, in Gesamtausgabe*, V. Klostermann, 1994, Bd. 79, S.39 ; Die Frage nach der Technik (http://petradoom.stormpages.com/hei_tech.html), S.20. 〔小島威彦訳、加藤尚武編『ハイデガーの技術論』理想社、２００３年、18―19頁〕。原文では「徴発性」とは「人間を（そのような位置に）おき stellr、すなわち挑発する heraushordeet」ことであるという表現が用いられている（S.20）。ハイデガー、圓増・シュミット訳『ニーチェ Ⅱ』ハイデガー全集第６―２巻所収、創文社、２００４年参照。また、ハイデガーの技術論については主に以下のものを参照した。加藤尚武編前掲書、村田純一「技術の創造性──ハイデッガーと技術の哲学」１８９頁、山本他編『ハイデッガー研究会第三論集　科学と技術への問い』理想社、２０１２年所収、１８１頁から１９８頁、秋富克哉「ハイデッガーの技術論の射程──情報理解への視座」（加藤・松山編『科学技術のゆくえ』ミネルヴァ書房、１９９９年、１８５―２０８頁。「徴発性 Ge-Stell」に対する訳語としては、「集立」（村田）あるいは「立て集め」（秋富克哉、１８９頁）があり、語義については加藤、18頁を参照。

＊８　cf. Alain de Libera, *Archéologie du sujet*, 2 toms, Vrin 2007, t. 1, p. 12.

＊９　村上勝三『感覚する人とその物理学　デカルト研究３』知泉書館、２００９年など参照。また、デカルト哲学における「判断」については『省察』「第四省察」を参照。

＊10　原文は以下の通り。« nous les pourrions employer en même façon à tous les usages ausquels ils sont propres, & ainsi nous rendre comme maîtres & possesseurs de la Nature. » (AT.VI, p. 62). この « comme » の用法について、

デカルトが補足し修正まで入れた『方法序説』のラテン訳で、この箇所は « velut dominos »「主人たちのように」（AT.VI, p. 574）と訳されている。このことはフランス語の « comme » が「として」ではなく「ように」を表していることの証拠になる。第二に、「自然の主人たちや所有者たち」と複数形が用いられていることは、人間が創造主ではない有限的な存在者であることの強調と解される（また、« pourrions » が条件法であること）。これらのことはデカルト研究においては定説になっている（Cf. R. Descartes, *Œuvres complètes*, sous la direction de J.-M. Beyssade et D. Kambouchener, Gallimard, t. III, p. 661, n. 452）。また、F・ベーコンについて言えば、*Novem Organum*, I,3 に「人間の知識と力能は同じものにおいて一致する。というのも、原因についての無知は結果を見捨てるから。自然に服従することなしには、自然は征服されないからである」« Scientia & potentia humana in idem coincidunt, quia ignoratio causae destituit effectum. Natura enim non nisi parendo vincitur;.» (*The Oxford Francis Bacon*, t. XI, Oxford, 2004, p. 64) という表現、また、「人間の力能への道と知識への道は（相互に）最も近くにある」« viae ad Potentiam, atque ad Scientiam humanam, coniuctissimae sint » という表現も見出される（*op. cit.*, p. 202）。ここに認められるのは原因を知らなければ、自然を知ることもできないということ、その意味で知識と力能は合致するということである。一体ここからどのようにして、現代的な意味での「自然」、つまり、人間を除いた「自然」に対する人間の傲慢を引き出すことができるのか。

コラム⑤

避難支援活動を続けてきて

木田裕子

相談と交流の場

2011年3月16日に母子疎開支援ネットワーク「ｈａｈａｋｏ」（以降ｈａｈａｋｏと略す）を立ち上げてから3年半が経つ。当時は避難者支援活動は、ないに等しくまさに手探りで続けてきた。この4年を振り返り、当事者のニーズや支援体制の変化、避難の現況や課題などをまとめてみた。

震災翌日3月12日に、全国各地の知人に声をかけ、賛同した4名で避難したい人たちに個人や民間団体、行政の受け入れ情報を提供するウェブサイトを立ち上げることになった。当初、ツイッターなどで募集した情報は「避難者受け入れ情報ブログ」として運営していたが、想像以上に「受け入れたい」という情報がたくさん集まり、これを被災地に届ける工夫をする必要が出てきた。そこでただ情報を流すだけではなく、当事者の目につきやすいよう、母子疎開支援ネットワーク「ｈａｈａｋｏ」という名称をつけ、メールや電話の窓口も開設し、3月16日にｈａｈａｋｏの活動がスタートした。集まった情報を被災地や関東の一時避難所に届けるためには、集めた情報を紙媒体に印刷して配布するという作業が必要だと考えた、そこでツイッターでボランティアを募集したところ、1日で20名ほどが集まり、冊子に情報を印刷し、3月19日から配布活動を始めた。たった1日でこれほどのボランティアが集まったのには驚いたが、「自分も何かしたいが、何をしていいかわからなかった」「自分にもできそうなことが見つかった」という人が多かった。

震災直後は混乱のなか、避難希望者が相談できる場がほとんどなかったために、不安を抱えたまま情報すら得ることのできない人がたくさんいた。今でもこの不安がまだ続いていることの背景には、原発事故の影響が計り知れないということがあるだろう。事故の公式発表後（4月下旬）から相談窓口にはメールや電話が殺到し、多いときには1日40件以上の相談があった。また、情報掲載サイトはアクセス数が激増し、6～7月にかけては平均約2800回／日、最高で1日に4000回アクセスがあった。4年後の現在と比較してみると、2014年6～7月2カ月で合計1万9068回、2011年の同2カ月の合計は15万2301回だった。アクセス数は8分の1に減ったが、現在でもウェブサイトの滞在時間平均5～6分となっていて、まだまだ情報のニーズがあることがわかる。

相談窓口への相談内容は「サイトで見つけられないような情報」（例：避難者が多い地域、支援者がいる地域、公営住宅から養護学校に通える地域はあるか、など）といった具体的な情報を求める相談がある一方で、避難以前の段階（例：避難したほうがいいのか？自分は心配しすぎ？他にもそんな相談はくるのか？など）といった、誰にも相談できない気持ちを聞いてほしいというケースも目立った。あまりにも似通った相談が多かったため、同じ悩みや不安を持つ当事者同士が交流できる場として2011年5月に「hahako＊cafe」を設置したところ、あっという間に利用者は500名以上に達した。この時点での当事者のニーズは「悩みや不安を共有できる場」であり、そこで知り合った当事者同士が、お互いに助け合いながら気持ちを整理できる機会を与えられたことで、次のステップに移っていけるのだと感じた。次に求められたのは「より具体的なやりとりができる場」で、それまでのオープンな掲示板に加え、パスワード付きの掲示板を同じ月に設置した。その後さらにプライバシーを重視した形の要望が強く、２０１１年９月には完全登録制のＳＮＳを設置し、それまでの掲示板は移行期間を設け徐々に閉鎖していった。ＳＮＳ移行までには利用者に何度もモニタリングをしたが、既存のフェイスブックやミクシーなどのＳＮＳは個人が特定されるという理由で強い反対があり、避難に特化した独自のＳＮＳを設置した。このような経緯からもわかるが、周囲の人には言えない、理解者がいない、ということが共通の悩みであり苦しみであったのだ。ＳＮＳでは各自の悩みや避難までの準備経験談なども含め、様々なケースが日記として登録されているため、その後も情報を得る目的で新規登録が絶えない（２０１５年３月時点で登録数が０の月はまだない）。

避難者とその受け入れ

一方、避難先提供情報（受け入れ支援者）の登録は、２０１１年３～12月までに５２８件であったが徐々に数は減っている。受け入れ形態に関しては、当初は「ホームステイ」「間貸し」などの一時的な個人の受け入れ（津波や地震避難を想定するケース）が多かったが、２０１２年から徐々に「保養キャンプ、合宿」などの長期休暇を利用したプログラム（放射能からの避難を想定）を主催する団体が増加してくることになる。また、公的住宅支援が受けられない場合に、避難者は自費で移住・疎開する人が多く（自主避難者）、特に母子のみでの避難（母子避難者）が目立ったが、こちらも２０１３年頃から新規避難希望者は減少傾向にある。

２０１１年４月頃より相談件数は増えた。その中にはウェブサイトの情報では条件が合わない特定の条件を希望するケースもあり、全国各地の支援者に個別に相談、問い合わせることはたいへんな作業だった。この支援者同士の連携の必要性を感じ、5月に「ソカイノワ」という避難受け入れ支援者のネットワークを発足させた。「ソカイノワ」に来た相談は、登録している支援者に一斉にメールで流れ、それに対応できる支援者が手を上げる、というシステムだ。このネットワークが細かいニーズや特殊なケースに柔軟に対応してこれたことで支援者のネットワークの意義を強く感じた。

公的な住宅支援（公営住宅無償提供）は、2012年12月末でほとんどの都道府県で新規受付けを打ち切っている。事故後2年の間に移住避難できる人はしてしまい、被災地に在留している人たちが被曝を軽減するためのリフレッシュプログラムへのニーズが高まってきた時期でもある。この頃から「保養支援」と「移住支援」という支援者の形態がはっきりと分かれてきたように感じる。また、hahakoの活動のなかで、受け入れる地域のないケースがあまりにも多いことがわかったので、私が居住する地域（三重県四日市市）でも地元企業に掛け合い受け入れ支援を開始し、継続している（2011年7月〜）。一般的に支援者間では、「移住」は「生活の拠点を完全に移すこと」を、「疎開」は「一時的（短期〜中長期）な避難であり、移住するか帰還するか未定の場合」を指すことが多い。保養プログラムが活性化してきたことや、福島県周辺で相談会などが開催されるようになったこと、移住の先発隊が地域で当事者グループを作ってきたことなどもあり、相談先が増えてきたことから、「ソカイノワ」やhahakoへの相談はほとんどなくなってきている。

受け入れ支援者と「みえネット」

その反面、地域での受け入れ支援に関しては課題が山積みであり、保養のように決められた期間とプログラムがなく、生活全般をサポートしていく必要があるため、課題としては「移住・疎開支援（広域避難者支援）」に取り組む必要がある。保養プログラムを通して移住につながるケースもあるので、保養支援者は、移住支援者との連携を必要と感じているが、逆に移住支援者は、地域に移住疎開した人を見守ることが中心になるため、保養支援者とつながりを必要としていない傾向が強い。そのため特に西日本では両支援者の連携がうまくいかずに課題として持ち越している地域は少なくない。移住支援者は、幼・小・中などの学校の状況、住宅の状況などを把握しながら行政の担当部署との連携が不可欠になる。また、生活が落ち着いてきたら就労支援も必要になったり、母子避難の場合は緊急時（母親が病気など）に対応できるような複数のサポーターで見守るということも必要になってくる。他には家具・大型家電などのレンタル支援、緊急時の送迎支援なども必要となる。震災直後には、ボランティアが充実しすぎて「やってあげたい」という気持ちのほうが大きくなり、ニーズがないところに押し売りのような形になってしまうケースもあったと聞く。また、過度な支援は続かないだけではなく、当事者の自立を妨げることにもなりかねない。4年続けてきて毎年苦労しているのは、行政担当者が1年ごとに代わってしまうことである。各部署と連携していても担当者が代わると、関係をまた一から築き直さなければならない。理解のない担当者に代わった場合には、対応が全く違ってくるので苦労した。

そんな課題を解決すべく立ち上げた「311みえネット」には、民間ボランティアグループ3、三重県、社協、生協などの運営団体を中心に、10以上の協力団体が登録している。実現までに、2年もかかったのには理由がある。第一に、三重県内に

500名もの避難者がいることすら知られていなかったことである。そして第二に、「もう終わったんじゃない」という空気が強くなってきていたということがある。津波や地震だけではなく、原発事故からの避難者がいるという事実もなかなか理解してもらえず、その解決策としてアンケートを全避難世帯に出した。アンケート結果によると、避難理由として「住宅に損害を受けた（14％）」に対し「原発事故による放射能被害を避けるため（68％）」であったこと、また、現時点での今後定住する場所については「三重県に定住（36％）」「現時点ではわからない（41％）」「被災前の住居に戻る（9％）」であったことなどから、避難者の現状が「原発事故によって避難したが、今後のことがまだ決められない」などという点にあるのが浮き彫りになった。この結果を県知事も重く受け止め、民間と公的機関がお互いの役割を補い合いながら見守っていくことが必要であるという理解に至ったと考える。アンケート結果が功を奏し、三重県や生協、社協にも働きかけた結果、三重県内全体で避難者を見守っていくネットワークを立ち上げることに成功した。その結果、現在、私の地域（三重県北部）では、ほとんどの避難者が地域に溶け込み、サポートを必要としなくなってきた。盛んだった交流会も参加者が年々減ってきて打ち切りとなった。これは自立に向かっているよい傾向だと感じている。一方、同じ県内でもそこまでの支援体制がなく、あらたに支援体制ができた地域では、2014年になってから交流会が盛んになったり、当事者グループができたりしている。このことからも、支援者の存在は自立にも大きく影響するのではないかと感じた。資金がある場合、一律のサービス的なものを提供することが可能だが、資金がなくなったときにはその支援もなくなるだろう。それに対して、資金はないが、それぞれの立場で役割り分担のできること、新しいものを作ることよりも既存のシステムを上手く利用することのほうが、リスクも負担も軽くなるのではないかという考えだ。無理せず知恵を出し合っていけば、この先長く見守って行くことができると信じたい。

今後の課題

これまでつながってきた支援者たちとは色々な形で交流連携してきた。先に書いた移住支援者のネットワーク「ソカイノワ」とは別の「保養団体のネットワーク」も存在していた。それまでは移住と保養は活動形態が異なることから連携の必要性が感じられなかったが、公的支援が減る一方の現状を受け、避難支援者全体で知恵を出し合う必要性が出てきた。2012年に「ソカイノワ」と保養団体のネットワークを合併させた「311うけいれ全国協議会」が発足。保養支援者と移住支援者が全国規模でつながって情報交換や保養プログラム存続のための資金集めなどに取り組んでいる。また、JCN（東日本大震災支援全国ネットワーク）は広域避難者とそれを支援する人たちの自助活動をサポートしている。

hahakoにおいては、国外避難希望者が年々増えていることから、今後、国外受け入れ情報をどのように扱うかというのが課題となる。また、地域の移住疎開支援者の立場からは、4年目に入ってから大きな課題も出てきている。それは「支援者のためのサポート」だ。特に移住支援に関しては地域によってかなり条件も体制も違うため、保養支援のように平均化や一律化は不可能である。そのために支援者が孤立してしまったり息切れしてしまっているケースが増えているのではないだろうか。今後も地域の草の根的な個人や団体が困ったとき、悩んだときに気軽に相談できるような「場」を作ることが必要なのではないかと考えているところだ。

第7章

「理想」を語る哲学

納富信留

1 哲学者が語ること

２０１１年3月11日に東日本大震災が発生し、その後、それに起因する福島第一原子力発電所の事故が起った。この一連の出来事に対して、哲学は何を語れるか、語るべきか、そして、実際に語るのか。この問いに対してさらに問いを発すると、哲学がいかに迂遠で不毛かと、おそらくは呆れられるだろう。だが、今は立ち止まって「始点（アルケー）」を見つめるときだろう。まず、「哲学が語る」とはどういうことか、そこから考えていきたい。このことは、その出来事を生きる私たちにとって、哲学から生の可能性を問うことでもある。

私たちは、生きる中で体験した重大な出来事について、時に、語ることを求められる。戦争、災害、犯罪、事故、そういった否定的な出来事では、そもそも語ることが困難となる。だが、人はやがて言葉を発し、語ることで自己をその出来事との関係に据えて、記録とともに忘却に向かう。その語りにはいくつかの仕方がある。個人の物語り、歴史、そして哲学である。

当事者や関係者にとって、語ることは、出会ったなにかに形を与えて自己の内に意味づける営みである。圧倒的で捉えられない生の出来事を「意味」という形で「物語」に組みこむ。その者にとって言葉を絶するなにかは、一つの完結した「筋」を与えたときに初めて「体験」となる。したがって、語りにはなんらかのセラピー効果がある。単独で始まる語りは、くり返され、文字やメディアに記録されて遺される。出来事を共有した人々、その外にいた人々、後世の人々がそれを読みつぐ。忘れるために行う語りは、永久に残していく営みでもある。

ニーチェが論じたように、「忘れる」ことは人間の本能であり、健康さの証である。体験を語りつぐことの意義を、健康に忘却するという視点から再考することも、哲学の役割かもしれない。

第二に、出来事を客観的に検討して再構成する語りは「歴史」であるが、その中で史実を一つの流れに構成する「叙述的歴史」は、個人の物語りに近縁である。

「歴史」の叙述を「物語」に還元する議論が一時盛んになされたが、これは両者の根本を見間違えるものである。とりわけ、「物語」(story)が「歴史」(history)と同語源であるとの理由づけが見られるが、ヘロドトスやトゥキュディデスの著作名に宛てられたギリシア語「ヒストリエー」は「探求」の意味であり、イオニア自然学の系譜を表す。それは、英雄叙事詩や悲劇・喜劇といった物語(ミュートス)の系譜とは別である。他方に、個別の史実を掘り起こす「考古学的歴史」がある。それは、単純な筋に解消されない個々の出来事を、そのものとして丹念に、虚心に記録する語りである。意味づけがにわかには与えられない突出した事実、あるいは、矛盾し混乱する叙述をそのままに記録する作業である。この態度は、事柄の大きさに真摯であり、私たちの限界に自覚的である。その結果は、さらなる検討と後世に委ねられる。

考古学の発掘でもっとも重要なのは、出土した遺物(とりわけ金品や文化財)ではなく、遺跡の精密な図面や記録である。発掘とは基本的に、目指している一定の地層まで現在の物質状態を破壊しながら掘り進め、その間の物質を除去する作業である。それは、くり返したり復元したりできない一回限りの行為であるが、成果を広く考古学界で共有するために、正確な記録が保存されなければならない。後世の解釈や再現の元となる基礎データである。

では、さらに「哲学」がなすべき語りとは何か? それはおそらく、これら二種の語り、体験の物語りと歴史の記録に対して、その両者を吟味し語り直すこと、そこから新たに語り出すことではないか。それはまず、長い時間において、その出来事が「何であったのか」を反芻し、真実と批判的に向き合う辛抱強い作業である。さらに、過去を解釈するだけでなく、未来に向けて語ることでもある。では、そのような哲学の語りはどのように可能か？

震災や原子力発電所事故のような大規模な出来事に対して「語り」など副次的な意味しかもたない、大切なのは現実的な対応であり処理技術や復興行政である、そのように感じる人も多いかもしれない。だが、原発事故はそもそも「語り」に起因した根深い問題であり、自然災害においても「何をどう語るか」は決定的に重要である。その点を確認していきたい。

2　語り方への反省

２０１１年3月に起こり、そこから今も続く出来事について、私たちが行なってきた「語り」を、哲学から反省したい。

今回の巨大な自然災害は予知できなかった。そして、それが原子力発電所で最悪の事故を引き起こすことも、電力会社や政府・自治体は予想していなかった（多くの科学研究者も同様に見える）。「３・11」と呼ばれるこの「災害」については、「想定外」という言葉で、くり返し責任回避が図られた。

これら3つの言葉の語りを反省する。

1 「想定外」

まず、自然災害に「想定外」と呼ぶべき特別な場合があるのか。日本列島をはじめ地球は近年大規模な地震や火山噴火といった地学的変動の活性期にある。東日本大震災の地震は、大規模で連動型であったが、過去にくり返し起こってきた自然の出来事であり、その規模は歴史資料や遺跡から科学的に推定される。「今、この場所で起こったことが特別だ」という意識は、当事者にはつきまといがちだが、歴史と科学の知見において例外ではない。それを特別視するのは、こういった事態がいつでも起こり得るという可能性を無視して防備や対策の意識を怠った私たちの言い訳に過ぎない。たしかに、被災者の一人ひとりにとっては、日常と人生を破壊した事態は「特別」と考える他ない。だが、そういった個人感情の問題と行政や社会の対応とを同列に見てはならない。

「想定外」という語りには、むしろ為すべき「想定」をしてこなかった責任が問われるべきであろう。では、「為すべき想定」とは何か？　現在の科学的知見、正しいデータ、様々な分野の専門家の意見、それらを十分に考慮して判断すべき事柄である。そこで「想定」は、何に対する防災かによって基準が異なることも忘れてはならない。

例えば、生活圏で津波への防潮堤の高さを決める想定では、おそらく諸要因を勘案した妥協点が模索される。極端に高い堤を長距離にわたって建設することは実際的でない。一定の高さを越える津波には、迅速に避難するしかない。だが、原子力発電所を守る防潮堤は、想定できる限り最大のケースに対応しなければならない。万一の事故も許されず、それがない限り発電所の稼働は認められないからである。こういった基準の違いが、適切に反映されなければならない。ここでは、「確率」や「経済効率」といった議論で誤魔化さない姿勢も大切となる（後述）。

2　「災害」

第二に、私たちが被った体験が一体何だったのか考える際、「災害」という語りの問題性が反省される。そこでは、地震と津波という自然発生の災害が、それによって引き起こされた原子力発電所の事故という出来事と明瞭に区別されないまま、私たちに一つの大きな「災害」として捉えられてしまうからである。

これら両者は時間においては同時並行的であり（3月11日午後から数日間）、津波被災者の救助と支援の緊急性が訴えられる中で、原子炉建屋の爆発や冷却問題に対応していた行政や社会にとっては、一体のように感じられたかもしれない。しかし、巻き込まれて混乱した事態から離れると、両者が本質的に異なることが分かる。

地震と津波はあくまで「自然」の災害であり、犠牲となった場合でも、基本的にいつか起こる自然災害への備えと対応という問題に尽きる。それに対して、原子力発電所の事故は、主に津波による電力供給停止という事態に起因するため、一見「自然」災害に属するように見えるが、そこで生じたことは本質的に「人為」による事故である。それは、ある意味で運命的といって受け止めるべき災害とは、まったく異質な出来事である。この「人為」とは、発電所の現場で事故対応にあたった東京電力の技術者たちの過失という意味ではない（無論、情報不開示や事故対応の不手際など、問題にされるべき点も多いが）。むしろ長い間に積み重ねられてきた経緯に過失がある。

人為的過失は、まず、地震の多い地域の海沿いの立地において、津波などで電力供給が完全に失われる危険性を無視して発電所を設置した「作為」と、その後適切な対応策を講じてこなかった電力会社と行政の「不作為」にある。また、広くは原子力発電の「安全神話」を作り、それを推進してきた「語り」がより根深い過失である。つまり、原子力発電所として必要で十分な自然災害への対策がとられないまま許可し、稼働させていた責任である。これは、ある契機によって起きるべくして起きた人為事故である。

自然災害においても、その対応において人為的な責任が生じることはある。例えば、学校や保育園で生徒を適切に避難誘導できなかったために生じた事故は、自然災害とはいえ裁判で責任が問われている。だが、それらは「自然災害」の範囲内での事故であるが、原発事故は、原子力発電を行う以上当然建設前に予測され事前に立てられるべき対策への怠慢として、異なるレベルにある。

日本語の「災害」とは「災いによって生じた被害」を指す。それは自然現象だけでなく人為的原因も含めるとされるが（「労働災害」など）、一般に「災い」は外から降り掛かるものとのイメージが強い。責任を曖昧にする語り方である。

概して、人為的原因による「事故」と「災害」の区別や境界線は不明瞭である。「災害対策基本法」（昭和36年11月15日）の第一章第二条一は、「災害」を「暴風、竜巻、豪雨、豪雪、洪水、崖崩れ、土石流、高潮、地震、津波、噴火、地滑りその他の異常な自然現象又は大規模な火事若しくは爆発その他その及ぼす被害の程度においてこれらに類する政令で定める原因により生ずる被害」と定義する。他方、「原子力災害対策特別措置法」（平成11年12月17日）は第一章第二条一で、「原子力災害」を「原子力緊急事態により国民の生命、身体又は財産に生ずる被害」と定義している。

私たちは「自然災害」と「人為事故」とを概念的に区別して、それぞれに異なる対応を為すべきであろう。前者については、技術的・社会的に出来る限りの対策をしながらも、自然の摂理として受け入れなければならない部分が大きい。むしろ事後的なケアがより重要になってくる。後者では、事故対応が今後長く見守られると同時に、あくまで原因への責任が問われ、再発防止が迫られる。しかし、両者を混同してあえて責任を逃れる傾向は、各所で見られる。

他方で、「自然／人為」という二分法の限界と適切性は、哲学で問題化されている。この点については、4（1）で扱う。

原発事故については、それを「人為」の事故として扱うことで初めて問題に正面から向き合うことができる。具体的には、原因究明と責任追求がなされ、事故の処理、被害者への補償、再発防止策が講じられなければならない。

3 「3・11」

第三に、呼称をめぐる問題がある。東日本大震災と福島第一原子力発電所事故を合わせて、それが発生した初日の3月11日にちなんで「3・11（さんてん・いちいち）」という記号で呼ぶことが定着しつつある。だが、こういった記号は事実を隠蔽して、神秘化してしまうように感じられる。これは、奇しくも、アメリカで同時多発的に航空機テロが起こった2001年9月11日の「9・11（ナイン・イレブン）」と語呂が合っているため、シンボリックに流行ったのであろう。（そちらについても論者は同様の問題性を感じているが、ここでは扱わない。）

まず、最初の大地震と一連の津波が発生したのは確かに3月11日であるが、原子力発電所の事故（原子炉溶融、水素爆発）は原子炉冷却不能がつづいた数日後に発生している。また、自然災害は、大規模な複数の余震もふくめて数ヶ月で次第に落ち着いていったが、原子力発電所事故は、汚染水問題等、いまだに不安定な状況がつづいており、焼け落ちた核燃料の取り出しと廃炉が完了する見込みはまったく立っていない。数世紀にわたるスパンの課題である。自然災害からの復興とは、意味も時間単位も異なる。

「３・11」というレッテルは、いわば点のように時間を記号化し、自然災害から人為事故まで、あるいはその後の首都圏での計画停電や節電までを一まとまりにしてしまい、問題を適切に区別して論じることを難しくしている。こういった安易な態度は、哲学には許されない。だが、「３・11」を特別な出来事として語るディスクールは、メディアで流通している。それは、出来事を神秘化、象徴化する点で有害にすら思われる。

震災から1年ほど経った時期に、ある書店でフロア一杯に「３・11コーナー」が開設され、震災や原発事故に関わる雑誌や本や写真集などが所狭しと並べられていた。記録は重要であり、時をおいて反省を加えることも必要である。だが、もし人々がこの話題をイベントに仕立て、それを消費して安心しようとしているとすると、問題は大きい。

だが、それ以上に重要なのは、そういった出版物の中身であろう。「３・11」を思想的に検討すると銘打つ特集も複数出ているが、残念ながら多くはこの出来事を適切に「語る言葉」をもっていないように見受けられた。これは、オウム真理教事件や、それに類する出来事の際にも同様であった。

出来事をどう「語る」のか。それは、出来事と向き合う哲学の出発点である。

3 哲学の語り⑴ 論理

この状況で、あえて問うべきであろう。哲学者は語り得ぬという理由で、黙しているべきか？ 哲学者でなければ語れないことはないのか？ この問いを真摯に受け止めて、「言葉」を生み出していく努力が必要であろう。

哲学が為すべき課題として、大きく2点を提案したい。まず、事柄を整理して「問題」を明示するという仕事がある。一見地味で理屈っぽい作業に見えるかもしれないが、正しく考えることが哲学の美徳であり、そこで解決される問題点も少なくはない。もう1つは、「現実」を見据えながら「理想」を論じる可能性である。理想を語る言葉を失った社会や人生は、生きる価値や方向を見失った悪しき現実主義ではないか。理想を求める開かれた語りはどのように可能か。また、ポスト福島という私たちの現実において「理想」とは何か？

1 誤謬の除去

第一の課題である「問題」の整理については、予備段階として「誤謬」の分析が有効であろう。狭義の論理的誤謬に加えて、不適切な論じ方や不十分な議論によって問題を見失うケースも多い。福島第一原子力発電所の事故に至った原子力行政のあり方については、現在も継続している検証作業によって、そういった誤謬が見出される。

まず、一般に「問題」の対象は個々具体的な事柄であり、当主題に関わる事実や理論はそれぞれの専門領域の判断事項である。この点の確認は大切である。

原子力発電という問題については、事故の原因や仕組みについて十分な科学的知識が必要であり、その上で議論を行うべきことは言うまでもない。「安全性」についても、素人があれこれ言えない領域があり、それに関しては専門家の意見を慎重に受け取る必要がある。また、専門家の間で意見が分かれるようなケースについても、その領域内での議論をしっかりと見るべきである。専門的に決着がつかないからといって（そのような場合は多いが）専門研究が無意味だということにはならない。その難しい状況を無視したり、自分に都合のよい意見だけを用いたりする態度は避けるべきである。

他方で、そういった専門領域の外に、哲学固有の領域として論理と倫理がある。専門知識も含めて議論が正しく組み立てられているか、誤謬が犯されていないかは、常識だけで見極められるものではない。また、事実判断ではなく、価値判断にもっぱら関わる部分については、倫理学の立場でより合理的な判断が必要となる（この点について今回は扱わない）。

「誤謬」（fallacy）とは、議論において論理的・心理的原因で犯す誤った推論であり、インフォーマル・ロジック（非形式論理学）が扱う。推論の誤りは必ずしも結論が偽であることを示すものではなく、また、真理を積極的に示すものでもない。現代の「誤謬論」の原型は、アリストテレスが問答法の理論書『トポス論』の最終巻、あるいは補遺として書いた『ソフィスト的論駁について』で論じられる。そこでは「言葉に基づく誤謬」6種と「言葉に基づかない誤謬」7種の計13種が分類検討されている。その後、誤謬の分類はより精緻になり、心理的要因に基づく誤謬も多々加えられている（拙訳・解説、『アリストテレス全集3』岩波書店、2014年所収参照）。

事故対応を例に考えてみよう。原子力発電所事故が起こった際の避難計画が、事故以前にきちんと策定されていなかったのはなぜか。福島第一原子力発電所で事故が発生したとき、なぜ広範囲の住民に混乱と放射能被曝の被害を出してしまったのか、その大きな原因は直後の対応、とりわけ避難が適切にできなかったことにある。地震や津波後の混乱という状況を差し引いても、もし事故の可能性とそれへの対応マニュアル、そして住民や関係機関への通知や情報の公開、緊急避難といった対応がきちんと出来ていたら、すでに生じてしまった被害と今後予想される被害がより少なく食い止められたはずだからである。

原子力発電の仕組みでは、原子炉の冷却機能が失われるなどの非常事態が起こった場合、ベントによって高濃度の放射物質を大気内に放出して圧力を下げるか、さもないと水蒸気爆発が起きるということは、事故以前からも教科書に記載される常識であった。ところが、技術的に想定されるそういった事態に対して、近隣住民や地域自治体にどう事態を伝え、避難誘導するかの計画がなかったことは、あらためて異常な状況と言う他ない。その理由には、こういった論理が語られている。

「国策として推進してきた原子力発電については１００パーセントの「安全性」が宣伝され、それに基づいて地域住民や国民の理解を得てきた。だが、「もし事故が起ったら」という想定を立てれば、それはこの「安全性」を否定することであり、「安全だ」と言っている以上、事故対策は必要ない。」この論理にはどこに誤りがあるのか。むろん「原発は絶対に安全だ」という偽りのプロパガンダに大本があることは疑いない。

原子力発電所については、すでにアメリカのスリーマイル島事故（１９７９年3月28日発生）、ソ連のチェルノブイリ事故（１９８６年4月26日発生）で深刻な状況を経験しており、他のより小規模な事故も合わせると、日本で同様の事故が起きる危険性は十分に予測されたはずである。実際、原子力発電所で働く現場の技術者の中には、そういった不具合や危険を知っていて、それゆえ細心の注意を払う者も多かったはずである。行政が打ち出した「絶対の安全性」という語りが、科学技術の現場とすでに乖離していた部分もある。

だが、政府の建前として「安全性」を打ち出したことを仮に認めたとして、それが避難計画などの非常事態対応を準備しなくてよいという理屈にはならない。万一にでも起こり得る事態で人々の安全をどう守るのかという行政の義務が、なぜ果たされなかったのか。つまり、より大切な「安全性」への配慮を怠るという過失につながったのかという問題には、いくつかの原因が想像される。

まず、「安全性を謳いながら、万一の事故の対策を立てることは、それと矛盾する」と言うとき、それは行政や電力会社の側の責任放棄であって、本当の「矛盾」ではない。人間が作った施設は、どんな状況でも（自然災害だけでなく、テロ攻撃など）無傷ではあり得ないからであり、「安全性」とは、対策を万全に講じた上で危険の可能性をできるだけ低く抑えること以外ではない。すると、事故の対策を最大限に行なうことが、真の「安全性」なのであり、両者は矛盾とはまさに反対の関係にある。

もし文字通り100パーセント事故がないのであれば、確かに安全対策は必要ない。だが、これは現実の蓋然性の問題である。そういった場合、私が「重層論法」と呼ぶ、弁論術の論法がより有効である（納富信留『ソフィストとは誰か？』人文書院、2006年、ちくま学芸文庫、2015年、第6章を参照）。それは、「Aである。だが、もしAでないとして、Bである。だが、Bでないとして、Cである」という論じ方である。それは、法廷弁論など実際の場面で用いられる論法で、いったん否定を示しても、仮にそれがあるとして、さらに議論を重ねていく。それは、純粋な論証ではないが、現実の蓋然性に応じた適切な語り方である。

また、「事故対策を立てることが人々の不安を煽るから、それを避けた」といった議論も、同様の誤った言い訳である。確かに、事故を想定することは人々の不安を引き起こすが、それは正しい不安であり、その想定を語らないことは隠蔽であり、かえって事態を悪化させる。事故対策をしないことが人々を安心にさせるのではなく、万全を期すことが、可能な安全と本当の安心をもたらすはずである。パニックを生じさせないためにも安全策は大切である。

事故の際に住民を安全に避難させる大規模な計画は、どの原子力発電所についても政府でも地域自治体でも未だに立てられていないし、実際、きわめて困難なのである。他の原子力発電所を再稼働させようという昨今の動きでも、この「事故対策」問題は解決されておらず、見通しすら立っていない。

この議論は極端な例に過ぎないと思われるかもしれないが、事故後に問題になったさまざまな事実は、これまで原子力発電に関して行なわれてきた「語り」が、こういった誤謬を含んでおり、それが実際に深刻な被害をもたらしていることを示している。（例えば、放射線被曝と健康被害との「因果関係」について、科学的に証明できないがゆえに責任を問えない、という論理が語られる。これらについては別途の検討が必要であろう。）

２　「問題」の整理

原子力発電の是非という問題は、科学技術、政治、社会、経済といった領域にまたがり、しかも国と地域との関係といった要因の複合ケースであり、単純な議論で決着は付けられない。その点を十分に留意しながら、賛成／反対をきちんと議論していかないと、どちらの側も感情と力を押し付けるだけになってしまう。それぞれ理論としての基盤がないと、かえって再反論によって退けられかねない。

また、ある基準をクリアすることを求める条件付きの賛成／反対か、それとも、より基本的な賛成／反対かでも、議論のあり方は分かれる。

原子力発電の是非をめぐる困難を例に、「問題」を整理することの意味を見る。ここでは、仮に反対の立場に立つとして、純粋な反対論の論理とは何かを考えてみよう。3つの論拠を例にする。（賛成論の場合も同様に考察がありえる。例えば、「原子力発電はクリーンエネルギーとして地球温暖化対策に有効である」といった論理の吟味が必要である。）

第一に、原子力発電を推進してきた一つの大きな理由は、「火力や自然エネルギーといった他の発電形態より、発電コストが低い、つまり安い電力を安定的に供給できる」というものであった。ところが、その「発電コスト」には建設費と維持費が含まれるものの、使用済み核燃料の処理費（費用以上に処分方法も決まっていないが）、廃炉とそれに伴う長期間の管理と解体費用、そして万一の事故でかかる補償費、といった当然のコストが計上されていないことが判明した。つまり、都合のよい部分だけ取り上げて「コストが安い」と宣伝されていたのである。このからくりが判明したことで、反対論が一気にその論点を用いた。つまり、「安いとされてきた原発は、実はコストが高かったのだから、廃止すべきだ」と。

だが、ここで冷静な議論が必要である。原子力発電を退ける理由が、価格の低さというメリットのなさにある、つまり「結果的に高くつく」という論理を中心に据えると、もしこの課題に対応がなされ、「安い」という事態が実現した場合に、もはやこの論点では反対ができなくなる。その場合逆に、原子力発電は「安い」という理由で今度は賛成する論拠になりかねない。それで良いのか、想像する必要がある。このように、反対論を組み立てる場合には、場当たり的ではない、本質的な問題を立論しているかが大切となる。

この議論の問題性は、原子力発電の経済効率という土俵で論じた点にある。つまり、そもそも電力価格という問題を論点で争うこと自体が、この観点を含めて原子力発電を他の発電形態と経済的に比較し、メリットに応じて認めてしまう態度なのである。条件付き反対の場合、問題となる基準をクリアすれば賛成する、という立場になる。だが、もしより徹底した原発反対論を立てる場合は、別の一貫した主張が必要となる。

第二に、原子力発電は現状ではコントロールが不十分で、危険への不安が大きいとの認識から、「原子力発電は、さまざまな技術的課題を克服できていないので認めるべきではない」という反対論もある。だが、この場合でも、もし技術面の不備が技術の進歩で解決できれば、問題は解消する。むしろ「科学技術の発展のためには、原子力開発への挑戦と試行が必要だ」という議論もある。現状として技術的に困難であることは、むしろ克服すべき目標と努力の設定にかかっており、原子力発電そのものを反対する論拠にはならない。

第三に、原発事故の後始末で廃棄物や汚染水処理ができない事態を憂慮し、それらの処理ができないという理由で反対する場合も同様である。現状に問題が山積されているのは確かとして、技術革新や集中的な対応によって処理が可能となった場合、それで問題は解決する。問題はむしろそのような態勢の構築に向けられる。

もし「問題」の立て方への繊細な配慮を欠いて場当たり的に議論を積み重ねると、対症療法、あるいは対人的議論に終わってしまう。

徹底した反対論がこういった論点を用いるべきでないとしたら、反対する論拠には何が残るのか。根本的な問題は、「そもそも『原子力』という桁外れの、異質な『自然力』を人類が用いることが許されるのか」という疑問ではないか。

だが、もしこの理由で「原子力」をそもそも使うべきでないと反対したら、医療機器や他の通常の技術（X線等）も排除すべきか。では、原子力兵器についてはどうか。それが禁止されるべきなのは、非人道的だからか、規模が大きいからか。その場合、小規模な原子爆弾ならよいのか。逆に、大規模な通常兵器はよいのか。また、後遺症の程度といった理由でも、同様の疑問は残る。

原子力発電への反対が、私たちの生活への漠然とした不安や、事故後の感情にだけ基づくとしたら、時間と共に忘れられて同様の過ちがくり返されてしまう。問題が困難である以上、それだけ慎重に問題を整理しながら語ることが、哲学に求められる。

3　議論の混同批判

次に、広い意味での「論理」の問題として、異なる基準の議論を混同する誤りについて考察したい。たとえば「緑色と赤色の違い」を価格で説明しようとすると、「カテゴリー・ミステイク」と呼ばれる誤謬になる。

緑のベレー帽と赤のベレー帽の価格は数値比較できるかもしれないが、「緑と赤」という色の違いはカテゴリーが異なるために価値の数値化はできない。これは、アリストテレスが「付帯性の誤謬」と呼ぶ論理的誤りである。

原子力発電に関する議論で、現代には経済効率と倫理との混同が蔓延していることが顕著になった。もののあり方を経済価値（典型的には金銭）で測ることは、現代のもっとも一般的で強力な基準であるが（オリンピックの経済効果等）、本来還元できない別種の価値、例えば人命や自由や学問もそれで一元的に捉えられてしまう。原子力発電所の事故で失われた人命や生活や幸福は、補償という制度で金銭的に償われるが、それはけっして本質的な解決ではない。だが、そういった生命や社会の存立に関わる問題が、経済効率で論じられてしまう。ここには、けっして同じ土俵で議論してはいけない2種の問題を混同する誤り、さらに「経済効率」という単一の基準にすべてを還元する誤りがある。

問題性を明瞭にするため、極端な例で考えよう。「いくら払えば一人の人間を殺してよいか」と問題を立てて、100万円なら、1億円なら、100億円ならとつり上げていく。「人命はかけがえない」と一方で主張しておきながら、金額が上がると「それならば許される、そちらが優先される」といった形で別の論理が密輸入されてしまう。たとえば、１００億円あれば寄付をしてより多くの人々の生活を助けることができる、つまり人命を助けられるのだから1名の命を奪っても「数の上で許される」といった議論である。

１人か複数かどちらを助けるかという倫理学の議論も有名であるが、それ以上に、ここでは実際の人命を経済的な要素で測る思考が問題である。正しい対応は、たとえ何兆円であっても、価値の交換は成り立たないという態度であろう。これは、古典的には、イエスの譬え話「見失った羊」に見られる。

原発の是非についてはどうか。原則的には「危険な原子力発電は廃止すべきだ」と主張しながら、経済的な基準で折り合いをつけてしまう市民も少なくない。とりわけ、生活という個々人の経済基準は、倫理の問題をやすやすと踏み越えてしまいがちである。

例えば、自分が住む地域社会が原子力発電所の経済効果を受け、雇用や補助金が得られる場合、生活には代えられない、という論理である。電力会社の従業員も、個人の倫理とは別に自分の経済事情から賛成するかもしれない。また、直接に関わる地域の住民や関係者でなくても、「原子力発電所を稼働しないとすると、大幅な電力料金の値上げになる」といった不利な情報がくると、自分の生活に不自由が生じるとの理由から容認論にまわったりする。料金の問題でなくても、節電や計画停電という不便を強いられると、それを嫌って容認論に替わることもある。

ここでは、一人の人間において相対立する判断基準が並在する場合の問題が現われている。個人の中で、何が正論であり、何が利己的で狭い視野であるか、正確に見極めて判断する必要がある。例えば、原子力発電を推進する人でも、自宅の近くに建設することは許さない、また、原発事故の処理を訴える人でも自分が住む地域に廃棄物処分所設置は認めない、など。この判断対立の構造の解明と解決への指針も、哲学が取り組むべき課題であろう（納富信留「相対主義再考――古代哲学と現代との対話」座小田豊・栗原隆編『生の倫理と世界の論理』東北大学出版会、2015年、参照）。

個人の利害や生活に関わるこの問題には、一人ひとりの理解や意識を根本的に変革する必要がある。つまり、経済効率や経済価値が一つの基準に過ぎず、それに還元できない多様な価値があるという理念を、哲学的に弁証し説得することである。だが、それには当然時間と困難が伴い、個人の力では限界がある。これは、社会全体において政治の指導で、教育や社会活動として担われるべき課題である。だが、それこそが現在私たちにもっとも欠けている点であろう。現代の政治と社会において、すべては「経済」優先であり、それを度外視して正論を言う態度が見られないからである。

ここにさらに、別の根本的な問題が見出される。政治と倫理の乖離である。共同体の倫理は自由な哲学の言説をつうじて培われ、政治や法律が保証していくものであるが、そこでは、基本的な人権や生命や幸福を守る政治と、その基盤となる経済の間にはっきりした区別が必要である。無論、生命を守り幸福を促進するために経済が重要な要素となることも確かである。だが、それでも政治は経済から独立であり、政治においてはむしろ倫理が重要な要素となる。これらを混同し、経済にすべてを還元することが、現代社会最大の問題点である。

学問や教育についても同様である。経済的に可能な範囲で学問を推進し、教育を与えなければならないことは確かであり、無理な予算をそれに割くことはできないかもしれない。だが、それは必要条件に過ぎず、経済の規準から学問や教育を扱うことは本末転倒である。慎重で断固とした理念と政治が必要である。

哲学が守るべき一線とは、人間の尊厳や自由、自然や生命といった問題である。そこでは、倫理価値の経済価値への非還元性、通約不可能性が再度確認されるべきである。

4　哲学の語り(2)　現実と理想

前節では、さまざまな語り方を批判し、問題を立て直す哲学の語りを示してきた。だが、哲学は吟味的、批判的な役割を果たすだけでなく、肯定的、積極的に語りを積み上げることもできる。その方向を「現実」と「理想」という2つの言葉から検討する。

１　「現実」を見る目

「現実」とどう関わるか。それは哲学の基本テーマであり、「語り」の基本問題である。「現実」への関わりとは、まず私たちが置かれている状況、あり様を正しく見据えることである。私たちが見てとるのは、目の前でくり広げられるさまざまな事実、情報から得られた事実の言説である。だが、私たちが「現実」と見なす「事実」(fact)とは、実は、社会や歴史や個人の経験に限定された断片であり、とりわけ自身で見聞きできない事柄については、他に依存する一面的な見方である。その状況と限界を認識しながら、より根源的な仕方で現実への接近を図るのが哲学である。

そこで分かるのは、「現実」とは、私たちが通常考えているような日常の事実、経験、あるいはその総体に尽きるものではなく、それらを成り立たせるなにかだ、ということである。その根拠について、プラトンは「イデア」という超越の地平を提案した。それ以後の哲学は、この「現実」の見方をめぐって、賛否両論として展開されてきたと言ってもよい。今日でも、その射程の検討が哲学の課題であろう。

哲学は「現実離れ」しており、抽象的で「現実に関わらない」学問である、そんな誤解が流布している。しかし、哲学がソクラテスやプラトン以来、善く生きることを目的とする「知への愛（フィロソフィア）」である以上、「現実」をどう捉えるかが哲学の本領であった。

ここでは「現実」への切り口として、２（２）で扱った「自然／人為」の区別を再考しよう。福島第一原子力発電所の事故をめぐって、ジャン＝リュック・ナンシーは、技術というものへの私たちの見方を根源から問い直している（『フクシマの後で――破局・技術・民主主義』渡名喜庸哲訳、以文社、2012年）。彼は現代文明における「自然」と「人為」の区別の有効性を問題とし、従来の枠組みを批判的に吟味して新しい視野を模索する。「現実」の捉え方をめぐる哲学の好例である。論文「集積について」では、こう論じられる。

> 「もしかすると、集積（ストリュクシオン）とは、もはや意味は構築されも教育されもしないという教え（instruction）として（われわれはこの教えを理解することはないし、正しく教えられているようにも見えないのだが）、技術が――「自然」と「人為」の区別がもはやない、存在者の総体の構築‐破壊が――もたらす教訓なのかもしれない。」（92頁）
>
> 「現実性は非現実性へと解消されるのではまったくなく、自らの非前提という現実へと開かれるのである。これこそが、「技術の支配」と呼ばれるもの、あるいはテクネー／フュシスの対の解消が意味するところである。」（94頁）

ハイデッガーの技術論以来の考察を受けて現代社会における科学技術のあり方を問い直す中で、ナンシーは「人為・技術」という「目的・手段」連関での捉え方に限界を見る。古代ギリシア以来「人為／自然」として対比されてきた２つの要因は、現代では複雑に絡み合った１つの「集積」にある。旧来の対は、もはや有効な思考枠組みを成さないのではないか。これは、哲学の立場から「現実」を捉え直し、見方の枠組みそのものを吟味する試みである。そのための補助線が「集積」という概念であった。

だが、現実の認識は、現実にどう対応するかという実践をなんらか含んでいる。例えば「対の解消」を語ることは何をもたらすのか？　現代の状況が複雑で分ち難い関係にあることは確かである。だが、この語り自体が悪しき現実主義を帰結しはしないか。つまり、結局は出来事が帰責不能である、人間は無力であるとして主体的行為の放棄を意味するのではないか。「現実はそうなのだ」と語って茫然と立ち尽くすとしたら、それは哲学の責任放棄となる。私自身は、この複合状況においてなお、人間が理性において「人為・責任」を語り得る局面を析出しつつ対処する方向が、哲学のぎりぎりの役割ではないかと考える（次項参照）。

原発事故を筆頭に、現在私たちが直面している事態が従来の見方の枠組みを越えているとしたら、それを受け止めて「現実」の見方を哲学から再考すること、その中で従来の「人為／自然」の対を、行為と責任を論じる道具として鍛え直す作業が必要となる。これは、優れて哲学的な課題であろう。

現実を総合的にかつ根源から見据えるためには、多様な価値観が機能していることを保証しながらも、それらを突き合わせながら吟味検討する「開かれた語り」が肝要である。そのためには、異なる立場からものを見る訓練、他者理解とそこに身を置く想像力（イマジネーション）が必要となる。諸々の専門分野や立場の間を結ぶ「対話」の場の設定者、媒介としての哲学者が求められる。

哲学が現代の社会で役割を果たすためには、その実際の遂行の仕方を考え直さなければならない。例えば、鷲田清一『哲学の使い方』（岩波新書、２０１４年）が提案するいくつかの方向は、その試みである。

２　「理想」を語ること

現実への関わりにおいて、私たちが用いる「言葉」を鍛え直すことは、善き生への配慮としての哲学の基本である。では、哲学はどのような言葉を語り出せるのか？

「現実」はそれだけで独立には捉えられない。現実を見ようとしてそれに囚われると、かえって現実は見えなくなる。それが「現実主義」の陥穽である。私たちが「現実」と関わるには、なんらかその外に立って、そこから全体とその根拠に関わる可能性が追求される。それは哲学の歴史で「超越」と呼ばれたあり方であり、プラトンが提示した「イデア」の問題圏である。

「現実」を見据えて新たに語り出す言葉として、「理想」という哲学概念に着目してみたい。「イデア的」という原義をもつ「理想（ideal）」は、私たちを経験や世界の成立根拠と関わらせる。イデアはたんに理念的な認識論の要請に留まると思われるかもしれないが、それは「理想」という形で実践的な力となる。私たち人間は不知で欠如する中間者であるが、それゆえにイデアという絶対者に憧れ、それを愛し求めつつ生きていく。プラトンはその憧れを、『饗宴』で「美のイデア」を目指す愛の奥義として語った。哲学が基本的にたんなる世界の「解釈」ではなく、それを変えていく「実現」にあるという立場は——危険性も意識されながら——プラトン哲学の伝統として今日に受け継がれた（納富信留『プラトン　理想国の現在』慶應義塾大学出版会、２０１２年、第7章、第10章を参照）。そこで改めて「理想」の意義が問われる。

「理想」には、３つの重要な側面がある。まず、この語はなによりもイデアへの志向を表す。この世界を混雑する地平としてそこから離れ、絶対的な根拠を求める超越の志向が、この語の基本にある。プラトンが提起した「イデア」という問題に——たとえ批判的にでも——向き合うことなしに、理想を語ることは出来ない。「理想」は、唯一の絶対者である「イデア」とはいささか異なる。「イデア的（ideal）＝理想」は、私たちが理（ロゴス）で想い描く究極の姿であるが、語り手の思索や経験に応じて、それは複数存在するからである。それらの理想は語られ、対話の場において批判的に吟味され、実現に向けて共に目指されるという限りにおいて、自由で開かれた言説である。その哲学の語りは、現実離れした空論という偏見とは程遠く、身近で実践的な私たちの生の可能性なのである。

第二に、西周がこの造語に込めた「理（ロゴス）」とは、人間の魂の本質としての「理性」である。私たちは欲望に動かされ、その傾向に理性を従わせ、効率よく快楽を実現するような仕方で生きている。だが、真に自己と呼びうる地平とは何か、それはそれ自体現に見えている私を超出している理性（ヌース）にある。

ただし、「理性」に対しては現代根本的な疑問が向けられていることも忘れてはならない。理性とは本当のところ何なのか、想像力も含めてその可能性を検証しなければならない。理想とはまた、「語り」としての「ロゴス」である。自己の限界を認識しながら超越的なものと関わり語ること、それが「理想」である。

第三に、理想は美への憧れである。「美しい」という、今日の社会では忘れられた、あるいは主観的な趣味や個人の感情に追いやられたこの地平を、正しく存在と生において復活させることも、理想の積極的な役割である。理想を語る言葉は私たちを「美」へと誘い、それ自体も「美しい」言葉でなければならない。哲学の語りとは、文学や芸術とはまた違った仕方で「美」をめぐる、言葉の営為となるべきである。美は、それに出会う私たちをいきいきと生きさせる源泉なのである。

東日本大震災という破壊的な自然災害を体験し、これまで積み重ねられてきた社会や家庭や人生の多くが損なわれ、この人生の時間内では取り返しがつかない状況で、それを遥かに越える視点が求められる。それは、人間の限界をそれとして捉える超越の視点である。私と世界の現実を永遠の相のもとに見据えること、それが哲学の開く視野である。

また、私たちが科学技術と政治経済において利用してきた原子力発電がきわめて深刻な事故を引き起こし、私たち自身の生命や生活に悪影響を及ぼしている現状がある。そこで誤らず、誤魔化さず、目を背けたり先送りや責任転嫁したりせず、絶対の視点を定めること。醜さを認めて、美を追求する語り、それを遂行させる実践的な力が「理想」であろう。

短期的で場当たり的な「理想」ではなく、人間とは何か、共に善く生きるとは何か、自然と地球環境において人類はどう生存していくべきか。そういった問題を、イデアを語る「理想」において、開かれた議論で共に論じていく。語らなければならないことを語り、吟味する場として、哲学が求められる。真に善く生きる力としての言葉、それが理想を語る哲学ではないか。

おわりに

こうして語ってきた私の言葉が、反省してきた「哲学の語り」になり得ているのか、はなはだ心許ない。むしろ、実際に語る行為は期待を裏切り、その脆弱さを露呈してしまうかもしれない。だが、自覚的に語っていかなければ、哲学は現実において力を果たし得ない。それは哲学にとって残念な事態であるだけでなく、私たちの社会や人生にとって根本的な損失になるはずである。哲学に専門的に携わる全ての者、そして、知を愛し求めて生きるすべての人間が、この語りの義務に向き合うべきではないか。

コラム⑥

小さき声のカノン

――選択する人々、意志が芽生える瞬間

鎌仲ひとみ

原発事故への助走

2010年9月、福島県内で活動する市民グループ「ハイロアクション福島」のメンバーに依頼され福島県庁を訪れた。3・11に先立つこと6カ月のことだ。

東京電力福島原発3号機がウラン・プルトニウム混合燃料を装荷し稼働するというので、反対の申し入れをして欲しいという依頼だった。

政府はいわゆるこのような燃料を使用するプルサーマル計画を全国の原発で進める計画を持っていた。日本中の原発から出てくる使用済み核燃料を六ヶ所村で再処理し、プルトニウムを取り出し、それを燃料とし、リサイクルしていくことが元々の核燃料サイクル計画のはずだった。

ところが、再処理は暗礁に乗り上げ、高速増殖炉「もんじゅ」の開発は難航している。その間にフランスやイギリスに依頼していた再処理によって抽出されたプルトニウムがどんどん国内に溜まっていく。使い途がないプルトニウムを大量に保有することは国際的にもマズイ。政府は苦肉の策として、ウラン・プルトニウム混合燃料を既存の原発で使用することにしたのだ。しかし、これは本来、彼らが目指していた計画とは全く違う、ごまかしでしかない。プルサーマル燃料は決してリサイクルされない一方通行だ。しかも本来のウラン燃料より遥かに高価だ。加えて、ウランより遥かに核分裂反応が速いプルトニウムを制御することはより困難であり、事故のリ

スクが高まってしまう。

前の福島県知事佐藤栄佐久さんはこの計画を一度白紙撤回した。途端に佐藤さんは収賄で起訴され知事の座を追われた。

私が訪れた時点ですでに福島県はプルサーマル計画を受け入れていた。受け入れれば20億円、経産省から支払われることになっていたのだ。

私が面会した県の原子力対策課課長は、私がいちいち説明しなくてもこの計画の危険性を十分に理解している人物だった。しかし、彼は「すでに国から20億円受け取った、今更、自分は何もできないんだ」という無力感やあきらめに支配されているように見受けられた。

「ハイロアクション福島」のメンバーは一言も声を発さないことを自ら提案することで、かろうじて計画反対の横断幕を県庁の敷地内に掲げることができ、「沈黙のアピール」とそれを呼んでいた。私を出迎えてくれたのはたった4人。

すでに、市民活動は限りなく小さくさせられていた。

それと同時に原発がもたらす「経済効果」は県民に自動的にもたらされていた。

このような有り様は別に福島に限ったことではない。54基、17サイトの原発所在地は同じような状況であり、それはそっくり日本全体にも当てはまる。事故は起きるべくして起きた。また同時に事故に伴って、今現在ひき起こされている多様な問題もまた、すでにそこに準備されていたかのようだ。

隠された放射能雲

最初の爆発は2011年3月12日。1号機の爆発を捉えた福島中央テレビの映像を全国放送したのは日テレ系列だった。女性のアナウンサーはこう言った。「原発の周辺に水蒸気のようなものが見えています」。しかし、映像は爆発以外の何ものでもない。そしてすかさず「水素爆発です」。放射性物質が拡散している、とは一言もなかった。

その後、連続的に原発はメルトダウンし、やがて件のプルトニウム混合燃料を装荷していた3号機も爆発。ここで登場してきた枝野官房長官が「放射能が出ましたがただちに健康に影響はありません」を壊れたレコードのように繰り返し、マスメディアもこの言説を右から左へ垂れ流した。時を同じくして長崎大学から山下俊一教授が福島に入り、直接的に住民に放射能レベルが年間100ミリシーベルトでも全く健康に影響がないと語りかけながら全県を行脚し、そこに県内のメディアが随行し、そのメッセージを繰り返し放送した。

ところが、大量の放射性物質はすでにプルーム（放射能雲）となって拡散し、実に多くの人々が無自覚に被曝することとなってしまった。原発が立地していた双葉町の役場にいた当時町長だった井戸川さんは3号機の爆発音を役場の外で聞いた。直後にホールボディカウンターで計測するとおよそ26万ベクレルの被曝だった。井戸川さんは町民を引き連れ、福島県内で唯一、210キロ離れた埼玉県に県外避難した。町民を被曝から守るためだ。

やがて何カ月も経ってようやく、実はメルトダウンしていたことが判明。3月11日にすでに放射性物質は漏洩していた。放射能雲は3号機が爆発した後に全体の75パーセントが放出され福島県内のみならず関東や岩手まで広く拡散したことが明らかになってきた。非常に濃厚な放射能雲が宇都宮や高崎を襲ったことも解ってきた。

政府は放射能が拡散したすべての地域に避難勧告を出さなかった。原発を中心とした限定的な同心円内のみ退避勧告をした。人々は情報がないために屋内退避することも、一時的に避難することも、その必要すら自覚できなかった。あれは意図的な情報隠蔽だったのか、それとも未必の故意だったのか。特定秘密保護法が施行されたいま、もはや、事実を明らかにするには相当な困難が待ち受けている。

放射能汚染と被曝への対応

大気に放出された放射性物質は雨や雪で叩き落とされ、土壌を汚染した。

まず、東京の水道から放射性ヨウ素が検出され、人々は初めてリアルに放射能汚染の影響を感じ取り、社会全体に動揺が走った。

かつて地震学の権威、石橋克彦教授が警告した「原発震災」が実際起きた。

地震被害の被災者を救出に行く人もまた被曝する。天災と人災が同時にひき起こされ、放射能が被害をより拡大し、復興を阻むという日本独特の災害のあり方だ。

チェルノブイリ原発事故当時、旧ソ連政府は30キロ圏内にいた子どもたち全員を3日以内に避難させた。福島県内にいた36万人の子どもたちは双葉町と自主的に避難した限られた数の子どもたちを除き、殆どすべてが汚染が到達した圏内に留まり、いったいどれだけの初期被曝をしたのか。その記録は専門家たちが計測したいと望んだにもかかわらず政府の許可がだされなかったため、残されなかった。そして初期被曝のなかでも甲状腺ガンを引き起こす放射性ヨウ素が完全に放射線を出さなくなる6カ月後から子どもたちの内部被曝検査が始まり、結果、内部被曝はゼロに等しいと発表されて現在に至っている。

2015年5月現在117人の子どもたちに疑いを含めて甲状腺ガンが発見されている。小児甲状腺ガンは非常に希な病気で100万人に1人と以前は言われていた。約30万人の子どもたちを検査して117人、というのはどう考えても不自然な数字だ。

原発事故前の２００８年、福島県内で小児甲状腺ガンの発症者はゼロなのだ。

大きな声が混乱を生む

２０１１年６月、３・11の３カ月後からドキュメンタリー映画「小さき声のカノン」の撮影を始めた。事故直後、ありとあらゆるメディアが原発に関する報道を始めた。それまでは原発のげの字も出さなかったメディアは電力会社のスポンサーが無くなったとたんに原発問題一色の様相を呈していた。しかし、あれから４年が経とうとしている今、また３・11以前に戻ってしまったようだ。現政権は原発再稼働を掲げて邁進している。原発の安全を監視する第三者機関であるはずの原子力規制委員会は機能しているようには見えないどころか、責任の所在もまた、曖昧になっている。何よりもあれだけの事故を起こし、未だ放射性物質の放出を食い止めることができていない東京電力が健在であり、莫大な税金をその補償につぎ込んでいながら、企業としては黒字経営をしている。信じ難いことだが、東京電力は免罪されているのだ。それに比べて被災者の補償はカタツムリの歩みのようにゆっくりとしか進んでいない。例えば補償を求めて訴訟に踏み切った浪江町の原告１５５００人中、すでに２３８人が和解の前に他界している。双葉町の人々も故郷に帰ることがかなわないまま未だに仮設住宅に住み、補償金の多寡ですっかり人心も分断されてしまった。数え上げればきりのないほどの矛盾と理不尽が私たちの社会に横行している。

母たちの苦悩

「小さき声のカノン」はそんな矛盾に充ちた社会の中で子どもたちを被曝から守ろうと悩み、揺らぎながらも前に進み続ける母親たちの姿を描いている。

その母親たちは震災前、国が国民を守ってくれると素朴に信じていた。それは特別に福島だからではなく、日本中の大多数がそう信じてきたのだろう。ただ福島の母たちは、生まれて初めて「当事者」となったのだ。

カメラを持って福島に行くとまずぶつかる壁は取材に応じてくれる人の少なさだ。特に私は被曝の問題にフォーカスしているから尚更だ。大きな声が「大丈夫」を連呼し、「復興」を叫んでいる。その中に生きて、「放射能への不安」を語ることはあまりにもリスクが大きいのだ。非常に高度な言論統制が行われている。では事故の影響、被曝はどうなのかというと、それまでの被曝許容限度が年間1ミリシーベルトから20ミリシーベルトに引き上げられ、ホットスポットもそこかしこにあり、除染の限界も見えてきた。

人々は無力感の中で沈黙を守っている。小さな子どもを育てる母親は気が気ではないのだが、孤立無援だと感じている。ある漫画で福島を訪問した主人公が鼻血を出すシーンが描かれた。瞬く間に嵐のようなバッシングにさらされた。これでは普通の人が声を出せないのはいたしかたない、と思う。

しかし、日々子どもたちに食事を作る母親たちはスーパーマーケットで買い物をしながら途方に暮れ、子どもたちの給食のメニューを見て首をかしげる。通学路を測ってみればまだまだ放射線が高いところがある。「大丈夫」と言われても納得できない。だからと言ってすべてをあきらめて避難することもできない。

避難した人々の多くが母子避難であり、補償もなく苦しんでいることを福島に留まった人々は知っている。何よりも心配する気持ちを打ち明ける相手もいないし、打ち明けても共感してもらえなかったら、とてもつらい。いったいどうしたらいいのか。

一人ひとりの意志

これまでのドキュメンタリー映画の多くは問題を告発する内容が多かったのではないだろうか。私自身は告発的なスタイルから脱却したいと考えてきた。問題を指摘することはもちろん重要だ。しかし、敵を見つけ、糾弾しても問題を解決することは難しいと感じている。隠された事実、解りにくい情報を読み解き、その中で解決を希求する姿を描くことを目指すようになった。

今回の「小さき声のカノン」では政治的でも思想的な背景があるわけでもない、普通の母親たちがつながり合い、助け合って子どもたちを守ろうとする取り組みを具体的に描いている。その母親たちはそれまでメディアや世間の流れに身を任せて生きてきたかもしれないが、いざ、子どもを守らねばならなくなったとき、新たな「意志」が芽生えてきた。自分自身の意志と力を出さねば子どもを守れない現実に向き合うようになった。その瞬間を私は待った。人は誰でもそのような「意志」の種を秘めている。その一人ひとりの意志の芽生えがこの映画と共に広がっていくことを私は期待している。

第8章

為しえることと為しえないこと

ベルンハルト・ヴァルデンフェルス（武藤伸司／訳）

はじめに

「フクシマ以後の哲学（Philosophie nach Fukushima）」とは何か。それは、「後から—考えること（Nach-denken）」、つまり事が起こった後で考える、ということなのだろうか。ギリシャ神話には、考えるのが遅すぎたエピメテウスという話がある。その中で、エピメテウスは、パンドラという女を妻に娶るのだが、パンドラは、開けることの禁じられていた、いわゆる「パンドラの箱」を開けてしまい、多大な災禍を世界にもたらすことになる。しかし、その箱の中には、ほんのわずかな希望だけが残った。この神話になぞらえてみれば、フクシマは、実際のところ、私たちを不安に陥れる一連の不幸の前触れの中に位置づけられていると言えるだろう。その一連の不幸の前触れとは、1979年のハリスバーグ（スリーマイル島）、1986年のチェルノブイリ、2011年のフクシマ、そしてそれ以前の1945年のヒロシマ、ナガサキのことである。もちろん、原子爆弾の投下は、炉心の溶融とは原因が異なるが、しかし大災害という結果において類似したものである。

第二次大戦の後、人は、平和な時代のためにその大戦から学ぶことはなかったのだろうか。無邪気な「技術経済（Techno- ökonomie）」に希望を託すかわりに。では、学ぶことができたはずの者とはいったい、誰のことだろうか。戦争の犠牲者ではもちろんない。それは、生き延びた者たち、その悲劇の後を生きた者たちであり、より鋭い危機意識を持ちえたはずの人々である。すでに当時、ドイツ系ユダヤ人の亡命者であったギュンター・アンダースは、警告の声をあげていた。彼は、1945年以降にヨーロッパへ戻った際、荒廃のすさまじさに驚愕し、それを契機に、原子兵器に反対する国際的な運動へと積極的に参加することになる。彼は、人々が「破滅そのものに盲目になってしまうこと」[*1]について確言している。このことに関連して、彼は「プロメテウス的落差」と「プロメテウス的羞恥」について語る。[*2]その際、彼は、人間の宿命的で破滅的な状況、すなわち自分で作り上げたものに自らが追い抜かれ、蹂躙される存在としての人間の状況について考えを述べている。「私たちは、まるでなす術もなくうろたえた恐竜のように、無数の機器の真ん中でたむろしている」[*3]。これを述べた筆者が想起する、技術に関して未来を志向する英雄プロメテウスは、兄弟であるエピメテウスと正反対の人物である。プロメテウスは、「先に―考えること（Vor-denken）」、すなわち前もって物事を考えることを象徴している。しかし、人間の行いと理解、感受性が、自分の行為の産物と歩調を合わせるにはまだまだほど遠いというならば、そうしたプロメテウスのように予め考えることの全ては、人間にとって何の助けになるのか。この点について、西洋文明は、はるか昔から、ユダヤの「ゴーレム」やゲーテの「魔法使いの弟子」といった、脅威をもたらす象徴を、ずっと伴っているのである。

今日、全世界に、すなわち高度資本主義のアメリカから、崩壊しつつある共産主義の強国を経て、伝統的文化の価値が西洋文明の成果と入り混じっている極東の日本にまで、原子力災害が私たちに与える教訓は行き渡っている。思考の従来の図式である「後で考えること」と「先に考えること」、すなわち過去への方向づけと未来への方向づけが、もはや十分でないとすれば、残るのはただ、「考え方の改新（Um-denken）」、つまり慣れ親しんだ筋道から離脱した、異なった種類の思考である。「技術の改新的思考」ということで、私は、私が1980年代に使っていた定式的な表現に戻ってみたい。そこで問題にしていたのは、「他者の棘」[*4]をより鋭いものにするということであった。だが、技術の問題系は複雑であり、私たちは、それらの諸問題の何を語るのか、選択を迫られる。そこで私は、取り扱う問題を、古典的な根本主題である、オイコス（Oikos）、プラクシス（Praxis）、そしてエトス（Ethos）の三つに限定してみたい。この三つの主題は、西洋哲学の始まりにまで遡り、絶えず新たに考え直され、間文化的に変化している主題である。

1 オイコス――環境世界と共同世界としての世界

デカルトは、人間に対し、「自然の支配者と所有者」となるべき、という課題を担わせ、ホッブズは、『リヴァイアサン』の中で語られる神話的な響きをもった社会的構築物に、人間の本性を服従させようとする。ここで支配的であるのは、理論的にもまた実践的にも、人工的に作り上げるという意味での技法である。17世紀におけるこのような趨勢の中で、環境世界は、中身が空っぽの容器のような空間へと簡略化されてしまい、その中にはただ拡がりをもつ実体だけがあり、そしてそれは、ただ慣性の法則に従うだけの、因果的なプロセスの中で流れ去っていくものにすぎないとされる。そのような空虚な空間には、上もなければ下もなく、右もなければ左もなく、文字通り、そこに住むことはできない。というのも、その中では誰も、また何ものも、その居場所を欠くからである。この自然に対する脱世界化と脱人間化は、西洋近代の遺産ではあるが、しかしまた抵当でもある。抵当と言ったのは、つまり、それが膨大な発見の裏面であり、それがまた、それが膨大な単純化でもあるということである。しかし、自然はそれに対して抵抗している。それは、すでにローマの詩人であるホラティウスが、「お前は、自然を農具で追い立てることができても、自然はいつでもまた立ち戻ってくる」[*5]と述べている。自然を支配すればするほど、自然の抵抗も増大するのである。

考え方を改新することについて、最初の拠り所となるのは、古代ギリシャ語のオイコスという概念である。もっとも、この概念は、他の根本概念も同様であるが、熟慮を要する。それは、私たちがもはや、秩序だった古代のコスモスの中で生きてはいないからである。ギリシャ語のオイコスは、元来、家や家政、そしてまた所有物の領域を意味している。この概念は、「経済（Ökonomie）」の古典的な学説の核を形成している。そのオイコスは、生物学者であるエルンスト・ヘッケルによって提唱された「生態学（Ökologie）」という学問分野において、新たな意味を獲得する。そしてその生態学の重要性は、あっという間に、環境世界の「説」から、環境世界の「保護」へと移動してきた。それを踏まえた上で、家というものを考えると、それは、まず個々人が他の人々とともに分かち合う場所を意味している。そしてそこに住まうということは、個々人が分かち合いながら留まっている場所への、身体的な帰属性を含意している。さらに、住人ということは、特定の「ここ」や「そこ」にいるということであって、どこかにいるということでもなければ、どこにでもいるということでもない。そうした家という場所から、記憶に残る世界や印象深い世界が形成され、また家の内と外、近い世界、遠い世界が形成され、そうした世界の間で道路が走り、交差点が形成されるのである。そこでの生活は、文化的な、また間文化的な「生活世界（Lebenswelten）」の多様性の中に広がっている。そして、そこにこそ、自然的環境世界、技術による形成物、歴史的世界、そして社会的共同世界が行き渡っているのである。他者との交換も、他者との諍いと同様、絶えずそれらの世界を通じて生じているのである。

私たちが特に注目している原子力産業もまた、その生活世界という背景から切り離すことはできない。原子力は、技術的な効率や経済的な効力を実現する一方で、国民の生活を特殊なリスクにさらすことになる。このリスクには、膨大かつ長大な健康被害と環境公害が含まれており、単純にユーロやドルや円に換算することはできないし、単なる営業上の損益や技術上の誤算の問題では済まないということも明らかである。純粋な意味での経済といったものが存在し得ないのは、純粋な経済だけを生きる人間が存在しないのと同様である。マルクスが、純粋な経済人（homo oeconomicus）という資本主義的な構築物に対して行った批判は、ある新たな形で現実のものとなっている。経済とは、経済活動を取り巻く周辺状況を考慮するならば、初めから単なる経済以上のものであり、いつも政治的ないし社会的な経済なのである。このことはもちろん、原発の大規模な被害と事故にも関わる。そしてそれだけでなく、原発の稼働において恒常的に生じる放射性廃棄物にも関わっている事柄である。この廃棄物から生じる放射線は、電球のように消せば消えるわけではない。しかも、原発の経営者が宣伝する「安価な電気」の正当性は、部分的に「誤った試算の上に成り立つ期待値」[*6]に基づいている。それに対して、自然災害は、「ある特定の限られた始まりをもつが、その結果は限定されることがない」[*7]

のであって、社会学者のウルリッヒ・ベックが断言しているように、そうした自然災害の結果は、個人の問題にされるようなものではないのである。それにもかかわらず、電気の購入に関わる個人の行動に対して、技術―経済的プロセスは、不当にも、人のいない空間、あるいは気象に無関係な実験室で起こっているような虚構を出発点としている。こうしたことから、まさに最近、私たちが経験したように、自然への技術的な介入が、人が生息できる生活世界を生息不可能な荒野へと、逆に変貌させ得るのである。

現象学者のエトムント・フッサールは、ギュンター・アンダースの教師の一人であった。１９３６年に世に出た『ヨーロッパ諸学の危機と超越論的現象学』[*8]におけるフッサールの考察は、主に、近代の物理学主義、すなわち生活世界の質に関わる経験を方法的に産出された公式とその構築物に還元するという物理学主義についての問題を、取り扱ったものである。その考察の中で、フッサールは、科学革命の中心人物であるガリレオを、「発見と同時に隠蔽の天才」であり、「方法であるものを真なる存在と見做す」という見解へと人間を誘惑した人物であると評している。このフッサールの主張に関連して考えれば、原子エネルギーの見境のない乱用にあたって、物理主義は、全ての財を利用価値へと変じる「経済主義」と結びつき、さらに全ての「何であるかという問い」と「何故そうあるのかという問い」を機能的なノウハウの問題へと還元する「技術主義」に結びついているということが見出される。他方、テクネーは、確かに私たちにとって不可欠であり、人間のロゴスと同様に古くから存在する。その上で、現在の技術批判を見ると、その批判は、技術と用心深く付き合うことや、技術に依存する際の相対的な度合いを問題にしている。しかし、機能不全が破壊に導く危険があるような極端な場合、そうした相対的な度合いの問題には収まらず、全か無か、ということが問題になる。そこでは、原子力に関わる論議を、武力あるいはエネルギーの獲得といった個別的な論議に限定することは無意味である。このような論議は、むしろ論議の一部分にすぎず、論議すべきは、生活世界に即して組織的で技術的なプロセスを常時立て直すことにかかっている。原子力のリスクを見誤り、過小評価することは、広く蔓延する「生活世界の忘却」の一部なのである。フッサールが書き記した、諸学問に対する効果的な批判とは、「現実の方法や活動そのもの」を取り扱うべきであるということと、「よくあるたまたま浮かんだ、学者ぶった思いつき」を取り扱うのでないということである。[*9] このことについて、同様のことが原子力の論議にも当てはまる。この論議を単に専門家に任せさえすればいいということほど愚かなことはない。評価が初めにあるのではないのである。リスクの精査が、純粋に学問的で技術的に問われていないということは、すでに明らかになってしまっている。このようなことは、放射線による肉体への負担の限界値を設けるときにも同じく妥当するのであり、そうしたことについて、当局の担当員が認可する値は、学問的に呈示される値と、驚くほど開きがある。

以上のことから、エコノミーとエコロジーは、オイコスという生活領域において交差しているということが分かる。このことは、労働の世界と居住の世界が結びついて生じる経済活動の場所にも妥当することである。こうしたことの妥当性は、株式市場という、ネットの中にも見出されるそのような、シンボリックな場所とは異なるので、そう多くのことを諦めることはない。だが、ここには重要な問いが残されている。それは、あらゆる経済が、非経済的なものの余剰、贅沢や贈与といった余剰を含むのではないのか、という問いである。人為的な大災害の破壊力は、予測できない要因を内に絶えず含んでおり、その要因は貸し借りのように収支が合うということがない。このことには不安ということも属しており、それは、故郷の大地を破壊し、私たちが「世界の中に存在すること」を震撼させるという不安なのである。

2　プラクシス——その行為とリスク

ここで考慮に値する第二の核となる概念は、「プラクシス」、すなわち行為することという概念である。行為することとは、単独な作用の行使以上のことを意味し、もちろんコンピューターにも遂行できるような形式的操作の実行以上のことを意味する。確かに、行為することの根本的な特徴は、今日でも、単に日常に限らず、法廷でも妥当する。つまり、行為することとは、目的を追求し、規定のルールに従い、適切な手段を用い、特定の状況を顧慮し、機会をうかがうということである。このような性質を持つ、責任を伴った行為とは、「私たちの手のうちにあるもの」、「実行可能なもの」に限られている。倫理と政治において初めてこのような行為の概念を作り上げたアリストテレスにとって、雨や草花の成長などの自然の経過は、行為することの領域から除外されている。また、アリストテレスは、同じこととして、異邦人の行為、例えば、ギリシャの国境を越えた黒海のスキタイで起こったことにも妥当すると考え、また、前もって計画することのできないような、畑で宝物を偶然見つけるといったことにも妥当すると考える。*10 だが、時代を経るごとに、いつのまにか、いくつかの行為の概念が変化してきた。それは、為すことのできるものと為すことのできないものとの間のはっきりした区別が、様々な理由から、不可能になってきたということである。例えば、原因の一つとして、世界中に普及している交通網や通信網がそれである。それはまた、技術的なプロセスの広大な射程のせいでもあるのだが、しかしこのことは、原子力事故とその大災害において、最も顕著に現れている。

技術の威力は、世紀を重ねるにつれ膨大なものとなった。その発展は、手で扱える器具の使用から、自動で動く原動機の投入を経て、自身を操作し調整する自動機器の配備へと展開している。原子爆弾は、道具とはかけ離れたものであり、原子力発電所は、工房とはかけ離れたものである。このことについて、一体どの程度、伝統的な行為という概念が今後も同様に使用可能であるのか、という問いが立てられる。

では、「行為の領域を限定すること」からはじめてみよう。例えば、所有に関する市民権の形成、とりわけ、柵で堅固に囲まれた土地所有に関する市民権の形成は、近代のことである。これは、英語のことわざにあるように、「私の家は私の城である」*11ということである。そしてその後に来るのが、国家主権であり、それは主権国（独立国）と認定される。しかし、技術の進行による有害な影響は、この所有の境界や国境に留まることはない。それは、大気汚染による地球規模の気象変動、またそれだけでなく、事故をおこした原子力設備に発する影響にも当てはまる。チェルノブイリの大災害によって大気に放たれた放射能は雲のようなかたまりになってウクライナからロシアへ、そして今日の白ロシアへと広がり、*12その全地域を汚染し、全中央ヨーロッパにその痕跡を残した。この災害について、ミンスクにあるゲーテ協会は、１９９６年に「沈黙の響き」というプロジェクトで、陰鬱な現実を映し出す写真芸術の展示によって大災害を振り返った。だが、チェルノブイリと異なり、フクシマで起こった事故の影響は、周囲の海洋にも波及する。そしてまた、現在リスクを抱えている他の例もあげてみよう。１９７０年に着工されたフェッセンアイムの原発は、確かにフランス内にあるのだが、ドイツの国境から１キロメートルしか離れておらず、それに加えて、地震の危険のあるライン地溝帯の地域の上に立てられている。このアルザス地方の原子炉で事故が生じれば、バーデン地方のフライブルグも、またスイスのバーゼルも同様に大災害に脅かされることになる。原子力の放射能は、地方の境界も国家の境界も関係ない。この理由から、ライン川上流の三カ国が接する地域において、地域と国境を越えた反原発運動が組織された。技術の遠隔作用は、地政学の基準をも変えたのである。

しかし、この新たな展開は、行為の活動の余剰に関わるだけでなく、自己活動たる行動、ないし作為としての行為することの中核に関わるものでもあった。このことは、人が行為することで冒すリスクに象徴される。例えば、ニクラス・ルーマンなどの社会学者たちは、危険とリスクを区別する。*13 それによると、危険に関わるのは、その都度の損害が外的な出来事に帰する場合であり、リスクに関わるのは、その損害が自身の判断に基づく場合である。しかし、この端的な区別もまた、多くの理由から揺らいでいると言わざるをえない。

まず、この危険とリスクの区別は、行為が何らかの一連の継続した進展へと移行するや否や、不明確なものとなる。例えばこのことは、原子の崩壊において生じる力の拡散の場合だけでなく、遺伝子への侵襲や地球温暖化への影響、あるいは金融危機の誘発の場合でもそうである。外部からの危険は、自身で産出するリスクへと絶えず姿を変えていき、そして行為は、規定された傾向に従って、いかなる堅固な規則にも従わずに、傾向的な行為という曲線の上をひた走る。人間が産出したものによる疎外化は、再び習得し直すことのかなわない自身の行動の傾向的な収奪に屈することになるのである。

さらに重要なことは、そうした傾向に屈する過程が地球規模で展開されるにつれ、そうしたことがいっそう「算定不可能」になるということである。ダイナミックなシステムが行為の制御から逸脱するとき、ウルリッヒ・ベックの述べるように、1カ所に食い止めることのできる危機が、「地球規模の危機」に拡大する。*14 言い回しの婉曲な表現である「残されたリスク」とは、従来の実践理性の限界に向けられているのだが、原子力の進展に即して言えば、「地球規模のリスク」という表現に置き換えられなくてはならないのではないか。リスクということについて、原発稼動の「確率的安全分析（ＰＳＡ）[*15]」から算定される例外的大災害は、今日、年あたり１００万分の１の確率であろうとも、生じ得るのである。

結局のところ、行為の帰責可能性は、変化することになる。すでに通常の場合にも、私たちは、配慮し細分化された帰責可能性から出発するのでなければならない。行為者は、行為の領域でどのような立場を取るのかに応じて、多かれ少なかれ責任を負っている。しかし、作用することを作用するものに結びつける糸は、限定された帰責可能性が「帰責不可能性」に移行するとき、完全に引き裂かれる。加害者は誰なのか。誰が責任をとらねばならないのか。誰もいない。テクニカルなネットワークは、社会的なコンタクトがあるかのように見せかけるが、にもかかわらず、多方面で、個人名をもって応対してくれる人が減っており、こうした仕方では、あらゆる個々人の責任が度外視されてしまう。典型的なのは、コールセンターの匿名的な音声であり、顧客として、その音声に責任を求めることができないのである。古くからの「限定された責任による会社（有限会社）」は、「個人の責任のない会社」に変わってしまうのである。

しかし、話すこと、行為することの匿名化が進む中で、そのことから苦痛を被った群衆は、同じように匿名化することができるのだろうか。ヒロシマの放射能の犠牲者、あるいは化学兵器によって殺傷されたベトナム人、ユダヤ人やアルメニア人の大量虐殺の犠牲者は、誰でもないとでも言うのだろうか。「みんなが共犯であること」、「みんなが無責任であること」が広まりつつあるようにみえる。もう一度、ウルリッヒ・ベックを参照するならば、「まるで自分がいないように振舞う」ということである。[*16] 結局のところ、私たちが単なる「リスク管理」にのみ関わるべきということに限って、リスクを引き受けることになるのだが、しかしそれは、リスク管理の結果が自分自身に降りかからないようにするというやり方であり、他者の犠牲には同意するということになる。言葉遊びがここで許されるなら、「さまざまなプロセス（進展）に対して、人は、何のプロセス（訴訟）も起こすことができない[*17]（Prozessen kann man keinen Prozeß machen）」と言えよう。

リスクが絶えず何らかの算定不可能なものをもつ限り、それは行為の枠組みを破壊することになる。行為とは、私たちが一歩一歩引き起こすといった意味での純粋な行為なのでは決してない。むしろ行為とは、引き起こされるものであり、私たちが決して完全に支配することのできない諸条件のもとで行動にもたらされるものである。私たちは、私たちの身に起こったことに行為しつつ応答する。極端な場合、私たちが適切な答えを持っていなくても、そうしたことに私たちは襲われてしまうのである。このことは、最も大きな基準で言えば、不特定多数の人間が関係しているような、破滅的な「大損害を生じる事件」の際にも妥当する。そこでの、私たちが個々人として、また集団として与える応答とは、私たちが行為者として多かれ少なかれ関わっているような出来事である。そしてまた、この多かれ少なかれということは、「遠隔の行為」という可能性を含んでいる。このことについて、私は、行為者がそれらを見通したり支配したりすることなしに、近接する領域を超えて広がり、遠くへの影響をもたらす行為であると理解している。このことは、ボタンを押すことで、爆弾投下し、それによって町を破壊し、領地を荒廃させ、犠牲者の目を見ることなく人間を殺戮する戦闘機のパイロットにも当てはまる。行為の始めとその結果の間には断絶があり、この断絶は、身体を伴う行動によって満たされるのではなく、ただ技術的な制御と、事後的な情報によってのみ、間に合わせ程度に満たされるのである。だが、このような仕方で、「自分の行為」と「他者の影響」、そしてまた、自分のリスクと他者のリスクさえも、密接な混合へと至る。例えば、原子力発電所が稼働するときにも似たようなことが生じる。その際に問題となるのは、純粋に自由な行為でもなければ、純粋な自然の事象でもなく、自由と自然の相互嵌入（Ineinander）であり、それは、技術的に仲介された行動に相応するように、身体にイニシアティブを持たせることである。責任の概念もそうした身体ということに応じて拡張されなければならないだろう。また、マックス・ウェーバーの責任倫理という意味における責任ある行為とは、私たちが「行う」ことに対してのみ、責任があるということではなく、詳細に知ったり望んだりしなくても、私たちが「もたらす」ことにも、責任があるということを意味している。このことは、為し得る全てのことを為すのではないというように、ある程度の慎重さを私たちに課す。こうして、「開始することに抵抗せよ！」という古い文言は、新たな意義を獲得するのである。

3 エトス――近さと遠さにおける生

私たちが他の人々とともに世界に住まい、他の人々のためになるように、また他の人々の世話になるように振舞うのなら、そのとき私たちは、絶えず、またもうすでに、他の人の要求に直面している。他の人と話すこととしての「対話」に相応するのが、他の人とともに行為することとしての「他との実践（Heteropraxis）」である。他者への関係性が特有の形式をもつことになるのは、近いところで起こっている私たちの行為が、先に述べたように、遠くへの影響を実現しようとする場合である。このことは、私たちが「今」働きかけることが、「後に」その結果を生むということを意味する。このテクニカルに伸び広がった時間の間隔は、時間性に新たな重要性を与えることになる。高度に技術化された行為をすることによって、遠い将来への見通しが広がることになる。この意味において、私たちは、今日、自然やその営為への介入が問題になる場合に、「持続可能性」について語るのである。フランシス・ベーコン以来、自然を調べるときに用いられる実験の自然科学的なモデルは、実験が任意に再現できず、展開を引き戻すことができないとき、その限界にぶつかる。しかしながら、このことは、実際に起こっている事態なのであって、現に世界は、私たちが生きて影響を与えているということにおいて、決して閉ざされたシステムなのではなく、開かれた地平を伴う領野なのである。このことは、破滅的な出来事による長期にわたる影響に、いっそう多く当てはまる。ありえないことだが、フクシマが一つの実験であったとしたら、それは、死をもたらす致命的な実験と言わねばならないだろう。そしてそれは、特殊な「拷問の実験」といったものになるだろう。

しかし、ここで述べられている時間的な今における判断と未来への予測は、いったいエトスと何の関係があるのか。私たちの西洋文明は、すでに世界文明へと拡大するなかで、今日まで自明のものとして反芻されてきた幾つかの独断的教義（Dogma）ないし、そうした教義に近いものを作り出してきた。差し当たり、私が考えるのは、「存在と当為」の分離という教義である。この分離は、ただ「存在し得ること」に関わり合わねばならないといった、テクニカルな問いが、道徳的で法的な義務から深淵において分離されるということを、結果として伴う。原子力のリスクの予測と容認に関しては、自然科学と技術的な専門家に権限があるとし、生活の被害については、保険や治療者が、そして死については、最後の祝福を与える神父や牧師などが関わることになる。政治家は、可能的に、あるいは現実的に、起こってしまった大災害を処理しようとするが、なすすべもなくただ中に立っているだけである。

私が眼にする第二のドグマは、「自己保存」の優先に関わるものである。プロパガンダがなされるのは、あらゆる他者の関心と他者の保存に先行する、本性に与えられた「自己保存衝動」である。

「あらゆる人にとって第一の財とは、「自己保存」である」と、ホッブズは、『人間論』という著作で述べている[*18]。それによれば、他者の手による自分の死こそ、極めて不幸なことであると看做される。また、自由主義的な見方からすると、自己の利害関係というのは、「正しく理解された」利己心という言い方へと表現が和らげられる。しかし、利害がどう理解されねばならないかということを、誰が決めるのだろうか。ホッブズは、誰がそれを解釈するのか、という問いを立てる。解釈の審級を問うことは、きわめて重要な政治的問いである。私はここで、一般的なイデオロギー批判の道において自分を見失わないように、単純な事態だけを指摘することにしたい。例えば、天然資源との持続可能な付き合い方についての要請と、技術が招いた大災害の長期的な影響への警告は、いくらそれがなされても、個人の自己保存と自己拡張が主導的な役割を果たしているときには、まったく無駄なことになる。よく知られた「私たちの後の大洪水〔あとは野となれ山となれ〕」という箴言は、シニカルな見方だが、生の利害が自己保存衝動と一致するとすれば、また、あらゆる未来が自分の終わりとともに消えてしまうとすれば、現実においてリアルなものとなる。

これらのことについて、いかなる実効性もない倫理的見解を披露したところで、変化するものはなにもない。未来を約束するエトスがあるとすれば、それは徹底したエトスであり、「事象そのもの」に、すなわち生と思惟の事象に根ざしたエトスである。問題の核心は、私が望もうと望むまいと、私に答えることを強制する他者の要求のうちにこそある。エマニュエル・レヴィナスは、問いの切っ先を逆にして、この自己保存のドグマに答える。「どうして〈他者〉は私と関わるのか。一体私にとってヘキュバ[*19]が何者であるというのか。私は弟の守護者なのか[*20]」と。この古くからある修辞的な問いかけは、それが聖書からのものか、シェイクスピアからのものかにかかわらず、論点先取に基づいている。このように問う者は、本源的に自分自身に関わっていることを暗黙のうちに前提にしている。そして、私たちの経験が他者の要求に応えることで始まるというのであれば、事態は別様になる。それによって「事柄の重要性」が変化することになる。つまり、自分自身の重心が自分自身の外部に位置するということが明らかになるのである。自分の存在を不安にし、脅かしてくる他者は、顔を見合わせて出会っている他者だけでなく、将来の世代へとつながる鎖の環としての他者でもある。諸世代への連鎖の中で、未来は具体的な形式をもつものとなる。未来は、「他者の未来」として明らかになり、その未来とは、延び広がっていく現在、すなわち、私たち自身の計画や期待に基づく現在、あるいは、匿名的に算定可能な動向から結果として生じる現在以上の意味をもつのである。このような未来における予想外のことや予期し得ないことには、自然が関与しており、その自然と私たちは、私たちの身体性と間身体性を介して結びついている。自然を保護することは、私たちが他の人に負っている敬意の一部なのである。したがって、エトスは、フュシスの手前でしり込みするわけではないのである。

フクシマ以後の哲学は、技術の発展を無視することはできない。しかし、技術の発展に身を委ねることは、考えることを放棄することである。技術が従属する諸前提と技術に端を発して後まで残ってしまう影響は、それ自体で技術的であるのではなく、それらは生活世界の一部なのである。生活世界に住まう人々には、参画する権利が与えられているのであり、自分のことであれ、他者のことであれ、そうした権利を遂行するべきなのである。ここにこそ、古来より共属する哲学と政治の接点があるのである。

[訳註]

＊1 ギュンター・アンダース『時代おくれの人間〈上〉第二次産業革命時代における人間の魂』青木隆嘉訳、法政大学出版局、1994年。

＊2 プロメテウス的落差とは、人間の不完全性と、ますます完全になっていく機械（技術）との間の落差のことを示し、これに関連して、そうした完全性への欲望が技術的な産物に直面した人間の劣等感を生み出すことを、プロメテウス的落差と、アンダースは呼ぶ（vgl. Konrad Paul Liessmann, *Guenther Anders: Philosophieren im Zeitalter der technologischen Revolutionen*, Beck C. H., 2002, S. 55ff.）。あるいは、アンダース（1994）、訳者の解説（385—386頁）を参照のこと。

＊3 Vgl. Guenther Anders, *Die Zerstoerung unserer Zukunft: Ein Lesebuch*, Diogenes Verlag Ag, 2011.

＊4 Vgl. Bernhard Waldenfels, *Der Stachel des Fremden*, Suhrkamp Verlag; Neuauflage,1990.

＊5 鈴木一郎訳『ホラティウス全集』玉川大学出版部、2001年、582頁参照。

＊6 原文は、「Milchmädchenrechnung（ミルク売りの少女の目算）」であり、日本の諺で言えば、「捕らぬ狸の皮算用」という意味である。これについて、ラ・フォンテーヌ『寓話』下巻、今野一雄訳、岩波文

＊7 庫、１９７２年、「乳搾り女と牛乳壺」44―46頁参照。本文では諺をそのまま用いず、その意味を考え文脈に即して表現した。

＊8 http://www.faz.net/aktuell/feuilleton/risikoforscher-ulrich-beck-im-gespraech-was-folgt-auf-den-oekologischen-sieg-1627679.html

＊9 Vgl. *Husserliana*: Bd. VI: *Die Krisis der europäischen Wissenschaften und die transzendentale Phänomenologie*, hrsg. von W. Biemel, 1954.〔エドムント・フッサール『ヨーロッパ諸学の危機と超越論的現象学』細谷恒夫・木田元訳、中公文庫、１９７４年〕。

＊10 Vgl. HuaVI, § 65.

＊11 アリストテレス全集15『ニコマコス倫理学』神崎繁訳、岩波書店、２０１４年、第3巻第3章参照。

＊12 この諺は、「家庭での私的な生活は、他人の侵入を許さない」ということ、つまり、個人の権利を尊重する、または、プライバシーを侵害しないということを示している。

＊13 白ロシアとは、西ルーシ（ベラルーシのルーシ）のことで、特にベラルーシ、リトアニアの地域を指す。

＊14 Vgl. Niklas Luhmann, *Soziologie des Risikos*, Walter de Gruyter; Auflage, Berlin, 2003, S. 30f..

＊15 Vgl. Ulrich Beck, *Risikogesellschaft. Auf dem Weg in eine andere Moderne*, Frankfurt/M., 1986, S. 18.

＊16 確率的リスク分析とも呼ばれる。確率的な方法を用いて、工業プラントのリスクを調べることであり、主に、何が機能不全に陥るのか、どのようにして起こり得るのか、どんな影響が起こるのかを分析する。

＊17 Vgl. Beck (1986), S. 43.

＊18 ドイツ語で（英語でも同様であるが）Prozeß は、経過、過程、進行という意味のほかに、訴訟、裁判沙汰（……を相手取って訴訟を起こす（jm. den Prozeß machen））という意味もある。

トマス・ホッブズ『人間論』本田裕志訳、京都大学学術出版会、２０１２年参照。

＊19 古代ギリシャのエウリピデスによるギリシャ悲劇『ヘカベ（ヘキュバ、ヘクバ）』におけるトロヤの王妃。悲劇と苦悩のシンボル。特に、ここでのレヴィナスの言い回しは、『ハムレット』の第二幕第二場の科白を用いていると思われる。

＊20 Emmanuel Lévinas, *Autrement qu'être ou au-delà de l'essence*, Den Haag, 1974, p. 150.〔エマニュエル・レヴィナス『存在するとは別の仕方であるいは存在することの彼方へ』合田正人訳、朝日出版社、１９９０年、２１７頁参照〕。また、この言い回しについて、『創世記』４・９で、カインがアベルを殺した後、神がカインに「弟はどこにいるか」と訊ね、カインが、「知りません。私は弟の番人でしょうか？」と応えたことを用いているという。これについて、合田訳注３５６頁、３５７頁〔26〕、および３６４頁〔15〕、〔16〕を参照のこと。

あとがき

私たちはそれぞれ一人ひとりが一個の人間である。一人の人としてすべての人は互いに異なる。それが「個人」ということの意味である。そしてすべての個人は自分が何を為すのかということについて自由をもつ。「私」であるすべての個人は「為すか為さぬか」という点において自由である。これが自由意志をもつということである。そして自分の生命を維持することは一人ひとりの「私」にとっての倫理的な基礎である。言い換えれば、「私」が一人の人として生命を維持しようとすることは「私」の行為における「良さ」の基礎である。そして「私」の外部から生命維持に反する影響を受けたときに、その影響を跳ね返そうとする自由を「私」はもつ。もし跳ね返すことができないならば、その影響の及ぶ範囲からできるだけ離れることは「私」の自由であり、「私」にとって「良い」ことである。自分たちの意に反して生じた、生命維持にとってマイナスの値をもつ影響地域から、私たちが逃れようとすることは「良い」ことである。そして反対に自分たちの意に反して、生命維持にとってマイナスの値をもつ影響を進んで認めようとすることは「悪い」ことである。その「私」にとって「悪い」ことを、私たちがやめさせようとするのは「良い」ことである。

東京電力福島第一原子力発電所の過酷事故が私たちの生命維持にマイナスの値を示している限り、それは私たち一人ひとりの「私」の意志に反した事柄である。したがって、この事故によって引き起こされる影響を斥けるための社会的活動をし、この影響の下から逃れようとする。このことは「私」にとって「良い」ことであり、「私」の集合体である私たちにとっても「良い」ことである。私たちにとっての「ポストフクシマ」は、「私」の生命維持にマイナスの値をもつ影響に対して私たちがどのように振る舞うべきなのかを、「私」の意志の自由に則して考え、対処することを求めている。「私」の意志の自由を制限する政治的、経済的拘束を、どのようにしてどの程度に跳ね返すことができるのか。このことがすべての「私」にとって、つまり、私たちにとって「ポストフクシマ」の課題である。私たちは「私」として自分の生命維持に反する事柄を避けなければならない。このことは避難の権利、移住の権利の根拠になる。「私」の自由を「私」から奪うことは、私たちの一人ひとりがもっている個人としての権利を侵害することである。この自由を制限するために避難や移住の権利を制限することは、「私」の自由を制限することとして人権侵害である。

東京電力福島第一原子力発電所の過酷事故は避難や移住を制限するという事態を引き起こしてしまった。そもそも原子力発電所の事故の影響が広域化すること、世界化することを避けることはできない。このことを私たちは知っている。そしてその健康に対する影響が晩発性で確率論的にしか評価できず、また放射性物質が知覚不可能であることも知っている。何十人に一人、何千人に一人、何万人に一人、その一人に「私」が相当するかどうか、「私」にも誰にもわからない。「私」は放射性物質が空気中に忍び込んでいても、見ることも触れることも聞くことも嗅ぐことも味わうこともできない。そういう状況から脱するか否かは「私」の自由であり、その自由を誰も妨げてはならない。たとえ、公権力であろうともこの自由を妨げてはならない。そしてこのまだ続いている過酷事故が、何万人に一人であれ生命維持に危険を与えるならば、逆に、公権力は人としての生命維持を助け、「私」としての自由を扶助すべく、確率論的にであれ、生命維持に反する状況から脱する方途を提供すべきであり、留まることを推奨すべきではない。しかし、現実はそのようにはなっていない。それはなぜなのか。

このことが私たちに最初からわかっていたわけではない。東洋大学国際哲学研究センターは2011年に「私立大学戦略的研究基盤形成支援事業」として採択され設立された。3月11日以来の東日本大震災の影響のために設立は同年7月1日になった。そして現実の世界を自分たちの経験の場として哲学的思考を鍛え上げ、それを現実の世界へと返すための活動の一環として当センターの第二ユニットは「ポスト福島」という課題を掲げることになった。この課題に応えるための第一歩は、外からはどのように見えるのかということであった。そして同年12月にウェブ国際会議としてジャン＝リュック・ナンシー、ベルンハルト・ヴァルデンフェルスの両氏が、片やフランスのストラスブールから、片やドイツのミュンヘンから、私たちに語りかけた。言うまでもないことであるが、東京電力福島第一原子力発電所の過酷事故への対処が世界的課題であることが確認された。その後は活動の基本軸を日本の哲学研究者の発表に据えた。しかし、私たちが望んだのは、原発被災者をさまざまな面で支援している人たちから現状を聞き、その人たちの経験を組み込みながら、ともに哲学的思索を育成していくことであった。その4年間の活動の成果を纏めたのが本書である。

哲学的探求は、目の前の社会的状況を来年どのように変えて行くのかという行政的施策に対してはほぼ無力である。「ほぼ無力」と「ほぼ」という限定をつけたのは次の理由による。つまり、積み重ねられてきた哲学的探求は人々の思考の養分になり、その人々が成果を栄養にして具体的な政治・経済的政策を立案するということはある。言い換えるならば、「ほぼ」という留保は、哲学的探求が将来に関わり、そのようにしていまの現実に関わるときには、探求の成果が既に獲得されていなければならないということを示す。哲学的思索のこの間接性は哲学が「いま、ここ」に対処するためには、「いつでも、どこでも」という視点を介することを示している。「いつでも、どこでも」、つまり、一般的に通用する思考を求めるということは、「いま、ここ」という場をいったんは離れることである。もし、この「離れる」という表現が誤解のもとになるとすれば、哲学的思索は「いつでも、どこでも」成り立つ思考を「いま、ここ」に実在する「私」である個人を通して実現すると言い直してもよい。本書で示されていることの一つは、哲学的思索がどのようにして「いま、ここ」へと赴き、そして「いつでも、どこでも」という境地を介して、「いま、ここ」に帰ってくることができるのかということである。

少しも解決の目途が立っていない。東京電力福島第一原子力発電所の過酷事故はまだ続いている。原発事故被災者は膨大な困難を蒙りながらそれに相応しい対応を受けていない。それればかりではない。これから表に現れてくる健康被害に対して、その人の生涯にわたって国が生活と健康を支えるための補償をするのだろうか。嘘と不誠実さばかりか、愚かしさ、幼稚さが見える現政府の運営に、情けなさとともに難しさを痛感する。そのようないま、私たちにとって自分の未来を切り拓くために、何をどうしたらよいのか。そのことに少しでも応えたいという思いがこの書物の原動力になった。

哲学を研究する者が実践的な支援者の経験から学びながらどのように「いま、ここ」を越えて、将来に向けてのしっかりした議論を提供できるのか。これが私たちの問いであった。この書物の軸を形成する哲学に携わる人たちの論考が、コラムを書いた人たちの経験と思いをどのように汲み取りえたのか。私たちが目指したところの一つはここにあった。もっと一般的に言えば、実経験から学びながら自らの哲学を先に進め、それを社会に返すということになる。編者の代表として、この目的を成し遂げることができたのか問い直して難しさを痛感する。私たちはこの成果をもって国際哲学研究センターの事業をいったん終える。本書の試みは、実践的課題を経験の場としながら哲学研究を行うという方法の第一歩である。この方法がさらに変更されながら試行されていくことを願う。

最後に、講演会、研究会に参加してくださった方々、国際哲学研究センターのなかで支えてくださった大野岳史さん、渡名喜庸哲さん、武藤伸司さん、三澤祐嗣さん、竹中久留美さん、助力を惜しむことのなかった東洋大学研究協力課（現研究推進課）の植木さえ子さん、根岸哲也さん、三橋尚美さん、何よりも発表をし、論文を提供して下さった執筆者の方々、コラムを書いてくださった方々、そして、この企画に賛同して下さり、出版を引き受けて下さった明石書店の小林洋幸さん、最初にこの企画を認めてくださった赤瀬智彦さんに心より感謝の意を表明します。

本書は文科省私立大学戦略的研究基盤形成支援事業の成果として公刊されました。

山口一郎（やまぐち いちろう）
東洋大学客員教授。現象学と唯識哲学。主な著書に『文化を生きる身体』（知泉書館、2004年）、『存在から生成へ』（知泉書館、2005年）、『感覚の記憶』（知泉書館、2011年）など。

山口祐弘（やまぐち まさひろ）
東京理科大学理学部教養学科教授。哲学。主な著作に『カントにおける人間観の探究』（勁草書房、1996年）、『ヘーゲル哲学の思惟方法』（学術出版会、2007年）、『ドイツ観念論の思索圏』（学術出版会、2010年）、ロベルト・ユンク『原子力帝国』（新訳、日本経済評論社、2015年）。

疋田香澄（ひきた かすみ）
「リフレッシュサポート―保養のための情報誌―」代表。2011年３月より、疎開ネットワーク「hahako」や一般社団法人こどけんなどで、保養相談会・健康相談会・情報支援・支援のマッチングなどを行う。主な著作に「当事者の多様な判断と選択を尊重する支援」（東洋大学国際哲学研究センター編『国際哲学研究別冊１ ポスト福島の哲学』、2013年）、「この息苦しい現状を変えるために」（フェミックス『We 174号』、2011年）。

堀切さとみ （ほりきり さとみ）
さいたま市職員。映像作家。主な映像作品『神の舞う島』（2009年）、『原発の町を追われて～避難民・双葉町の記録』（2012年）、『続・原発の町を追われて』（2013年）

武藤伸司（むとう しんじ）
東京女子体育大学体育学部体育科専任講師。現象学、身体論。主な著作に「発生的現象学における自然数の考察とその構成――自然主義の基礎づけに関する現象学的な方法の一つとして」（『国際哲学研究』第４号、2015年）、「『ベルナウ草稿』における未来予持と触発――意識流の構成における未来予持の必然性を問う」（日本現象学会編『現象学年報』29号、2013年）、「時間の不可逆性について――物理学における時間の考察と、現象学的記述の関係」（『東洋大学大学院紀要』第46集、2010年）。

武藤類子（むとう るいこ）
福島原発告訴団団長。主な著書に『福島からあなたへ』（大月書店、 2012年）、『どんぐりの森から』（緑風出版、2014年）。

村上勝三（むらかみ かつぞう）＊
東洋大学文学研究科教授。デカルト哲学。主な著作に『感覚する人とその物理学――デカルト研究３』（知泉書館、2009年）、『デカルト形而上学の成立』（改訂第二版、講談社、2012年）、『知の存在と創造性』（知泉書館、2014年）など。

高橋哲哉（たかはし てつや）
東京大学大学院総合文化研究科教授。哲学。関連する著書に、『犠牲のシステム　福島・沖縄』（集英社新書、2012年）、『３・１１以後とキリスト教』（共著、ぷねうま舎、2013年）、『フクシマ以後の思想をもとめて　日韓の原発・基地・歴史を歩く』（共著、平凡社、2014年）など。

エティエンヌ・タッサン（Etienne Tassin）
パリ・ディドロ（パリ第7）大学教授。政治哲学。主な著作に『失われた宝　ハンナ・アレントと政治的活動の知解可能性』（仏語、1999年）、『共通世界　抗争の世界政治のために』（仏語、2003年）、『複数による生の呪い』（仏語、2012年）ほか。

渡名喜庸哲（となき ようてつ）
慶應義塾大学専任講師。専門はフランス哲学。主な著書に、『顔とその彼方 ―― レヴィナス『全体性と無限』のプリズム』（共著、知泉書館、2014年）、エマニュエル・レヴィナス『レヴィナス著作集１　捕囚手帳ほか未刊著作』（共訳、法政大学出版局、2014年）、ジャン＝ピエール・デュピュイ『聖なるものの刻印 ―― 科学的合理性はなぜ盲目か』（共訳、以文社、2014年）。

ジャン＝リュック・ナンシー（Jean-Luc Nancy）
ストラスブール大学名誉教授。哲学。主な著作に『無為の共同体』（西谷修・安原伸一朗訳、以文社、2001年）、『世界の創造　あるいは世界化』（大西雅一郎ほか訳、現代企画室、2003年）、『フクシマの後で　破局・技術・民主主義』（渡名喜庸哲訳、以文社、2012年）ほか。

納富信留（のうとみ　のぶる）
慶應義塾大学文学部教授。西洋古代哲学。主な著作に『ソフィストと哲学者の間 ―― プラトン『ソフィスト』を読む』（名古屋大学出版会、2002年）、『ソフィストとは誰か？』（人文書院、2006年、ちくま学芸文庫、2015年）、『プラトン 理想国の現在』（慶應義塾大学出版会、2012年）など。

執筆者紹介（50音順、＊は編者）

岩田 渉（いわた わたる）
作曲家、美術家。市民科学者国際会議（CSRP）代表。2011年3月11日の大震災、津波に伴う東京電力福島第一原子力発電所事故後、フランスのNGO「CRIIRAD」の協力のもと、北関東・福島県内で空間線量測定を開始。5月には千葉、茨城、福島、宮城県を共同調査。7月に福島県内に市民放射能測定所（CRMS）を設立。同年10月より第1回市民科学者国際会議を開催。第2回から第4回の実行委員長を務める。

ベルンハルト・ヴァルデンフェルス（Bernhard Waldenfels）
元ボッフム大学教授。現象学。主な著作に『行動の空間』（新田義弘他訳、白水社、1987年）、『講義・身体の現象学』（山口一郎・鷲田清一監訳、知泉書館、2004年）、『経験の裂け目』（山口一郎監訳、知泉書館、2009年）。

加藤和哉（かとう かずや）
聖心女子大学文学部教授。西洋中世哲学。主な著作に『哲学の歴史 3』（共著、中央公論新社、2007年）、『西洋哲学史Ⅱ「知」の変貌・「信」の階梯』（共著、講談社、2011年）、『キリスト教をめぐる近代日本の諸相 ―― 響鳴と反撥』（編著、オリエンス宗教研究所、2008年）。

鎌仲ひとみ（かまなか ひとみ）
映像作家、映像製作プロダクション「ぶんぶんフィルムズ」代表。『ヒバクシャ世界の終わりに』（2003年）、『六ヶ所村ラプソディー』（2006年）、『ミツバチの羽音と地球の回転』（2010年）など核を巡る3部作を自主制作し、市民の手によって観て終わりにしない上映運動を展開してきた。最新作は『小さき声のカノン』（2014年）。

木田裕子（きだ ゆうこ）
母子疎開支援ネットワーク「hahako」代表、311みえネット代表。三重県四日市市在住、公立中学校講師、母親。共著に『戦争のつくりかた』（マガジンハウス、2004年）、『新・戦争のつくりかた』（マガジンハウス、2014年）。

ポストフクシマの哲学
—— 原発のない世界のために

2015年8月20日　初版第1刷発行

編著者　村上勝三
　　　　東洋大学国際哲学研究センター
発行者　石井昭男
発行所　株式会社 明石書店
〒101-0021 東京都千代田区外神田6-9-5
電話 03（5818）1171
FAX 03（5818）1174
振替 00100-7-24505
http://www.akashi.co.jp
組版／装幀　明石書店デザイン室
印刷　株式会社文化カラー印刷
製本　本間製本株式会社

（定価はカバーに表示してあります）　ISBN978-4-7503-4231-3